军队"2110 工程"资助项目

国防科技图书出版基金

工程维修中人的可靠性与人为失误及人为因素

Human Reliability, Error, and Human Factors in Engineering Maintenance

【加拿大】B. S. Dhillon 著

李 田 刘鹏远 译

国防工业出版社

·北京·

著作权合同登记　图字：军－2013－197 号

图书在版编目（CIP）数据

工程维修中人的可靠性与人为失误及人为因素/（加）B. S. 迪隆（B. S. Dhillon）著；李田，刘鹏远译 . —北京：国防工业出版社，2016. 12

书名原文：Human Reliability, Error, and Human Factors in Engineering Maintenance

ISBN 978 - 7 - 118 - 11200 - 9

Ⅰ. ①工⋯　Ⅱ. ①B⋯　②李⋯　③刘⋯　Ⅲ. ①工程机械—机械维修—可靠性—研究　Ⅳ. ①TU607

中国版本图书馆 CIP 数据核字（2017）第 032647 号

※

国防工业出版社出版发行

（北京市海淀区紫竹院南路 23 号　邮政编码 100048）

腾飞印务有限公司印刷

新华书店经售

*

开本 710×1000　1/16　印张 11¼　字数 190 千字

2016 年 12 月第 1 版第 1 次印刷　印数 1—3000 册　定价 85.00 元

（本书如有印装错误，我社负责调换）

国防书店：(010)88540777　　发行邮购：(010)88540776
发行传真：(010)88540755　　发行业务：(010)88540717

译者前言

  人的可靠性、人为失误、人为因素在复杂工程维修中越来越重要。人的主体差异以及与不同环境的交互千差万别，任何微小的失误都可能带来非常严重的后果。而与人相关的维修维护涉及团队管理、流程控制、评估评测诸多方面、因素诸多，防控艰难，面临巨大的挑战。国内在人为失误方面研究历史较短，可供参考的书籍与资料相对较少，将国外相关领域的优秀著作引进将具有积极意义。选择本书进行翻译，是通过甄选与思考的。本书从基本概念与基本方法出发，落脚于具体行业应用，不需要有前期知识准备，结合实例进行讲解，既可以有利于初学者的学习理解，又方便从业人员的实际使用。书中涵盖的主题非常丰富，对与人的可靠性、人为失误、人为因素相关的各个方面进行了讨论，并且提供了对应的出版物与数据源目录，在内容全面的基础上又给读者提供了进一步研究探讨的可能。希望本书的翻译工作能为工程维修领域带来积极的作用，为实践工作中减少人为失误做出一点贡献。

  本书的翻译离不开许多朋友的帮助与鼓励，在此表达感谢。感谢肖志力编辑的审校与建议，感谢我的家人对我工作的理解与支持。

李田

2016 年 8 月 1 日

前　言

　　每年全世界范围要耗费亿万美元用以维修保养工程技术系统。例如，每年美国工业部门在工厂维持费与运行费上消耗掉的金额就要超过 3000 亿。据估计大约总额 80% 的费用都消耗在纠正系统、设备和人员的常见故障上。

　　多年以来，由于各种各样的因素导致维修活动中产生人为失误的情况已经呈现出上升趋势，其导致的后果可能非常严重。这些后果中的两个典型案例分别是三里岛（Three Mile Island）核事故和芝加哥奥黑尔国际机场（O'hare International Airport）DC - 10 型客机坠毁事故。

　　在这些年里，期刊和会议刊载了大量关于工程维修中人的可靠性、失误和人为因素的文章。但是据本书作者所知，没有一本书同时涵盖了三个主题并且将维修安全包含在内容框架里。这对工程维修从业人员造成了许多困难，使得他们不得不查阅许多不同的原始资料。

　　因此，本书的主要目标是将这些主题容纳到本书里，方便读者获得想要的信息而不再需要查阅多本文献。本书大多数的数据资料来源都列在各章结尾的参考文献部分。如果读者想进一步对感兴趣的主题或者领域进行探究，这将对他们有所帮助。

　　本书有一个章节是关于数学概念的，另一个章节是关于人为因素、可靠性和失误的介绍材料的。这些章节对理解后续各章中出现的信息有所帮助。在这两个章节的基础上，有一个章节专门研究工程维修中人的可靠性和失误分析的有效方法。

　　书中涉及的主题论述采用这样的方式，即不需要读者有任何预先的知识准备就可以理解。作者在书中适当的地方给出了与主题相关的实例及相应的解答，在各章的结尾还有很多帮助读者加深理解的测试题。

　　本书结尾提供了一份从 1929 年到 2007 年的出版物详尽目录，其内容直接或者间接地与工程维修中人的可靠性、失误和人为因素相关。这个目录能让读者纵览本领域的发展概况。

　　本书由 11 章组成。第 1 章介绍了工程维修中人为因素、人的可靠性和失误的发展历史,在工程维修中人的可靠性、人为失误和人为因素的相关重要事实、数值、名词和概念,以及如何获得对工程维修中人的可靠性、人为失误和人为因素有用信息的原始资料。

第2章介绍了对理解后续章节有用的数学概念。本章的主题包括布尔代数、概率特性、概率分布以及有用的概念。第3章介绍了人为因素、可靠性与人为失误的各种相关概念。第4章提出了八个方法,用于工程维修中人的可靠性和失误分析。这些方法有失败模式和效应分析、人机系统分析、根源分析、失误—原因排除程序、因果图表、概率树方法、故障树分析及马尔可夫方法。第5章致力于阐述维修中的人为失误。本章涉及的主题有维修环境、维修失误发生的原因、维修失误的类型、典型维修失误和减少设备维修失误的设计改进准则。

第6章和第7章分别介绍了在航空维修和发电厂维修中人为因素的各个重要方面。第8章致力于阐述航空维修中的人为误差。它涉及如下主题:航空维修中人为失误发生原因、飞机维修中人为失误类型、飞机维修活动中的常见人为失误、维修错误决定辅助决策(MEDA)和减少飞机维修活动中人为失误的有用准则。

第9章阐述了包括事实和数值在内的发电厂维修中人为失误的各个重要方面、发电厂维修中人为失误的原因、对电力生产中人为失误最敏感的维护任务和改善电力生产中维护程序的步骤。第10章致力于阐述工程维修安全。本章的主题涉及事实和数值、维修安全问题原因、影响维修人员安全行为和安全文化的因素及工程设备设计者改善维修安全的准则。

最后一章为第11章,介绍了七个数学模型,用来进行工程维修中人的可靠性和失误分析。

本书将对以下读者有所裨益,包括工作在工程维修领域内的专业工程师,维修工程管理人员,工学专业本科生和研究生,维修技术研究人员和教师,可维护性、维修安全、人为因素和心理专业人员,设计工程师以及相关工程专业人员。

作者对以下诸位深表谢意,感谢朋友、同事和学生们默默的投入,感谢我的孩子——Ja Smine 与 Mark,感谢他们的耐心和不断打扰,让我有了很多喝咖啡的时间。

最后我要感谢我的妻子 Rosy,我生命的另一半,本书的打字与校对由她完成。

B·S·迪隆(B. S. Dhillon)

安大略省渥太华市(Ottawa,Ontario)

作者介绍

B·S·迪隆(B. S. Dhillon)博士　渥太华大学机械工程系的工程管理学教授。他担任机械工程系负责人已超过 10 年。在可靠性、安全和工程管理领域发表过 340 篇论文(包括 199 篇期刊论文和 141 篇会议论文),是 9 本国际学术期刊的编辑。此外,B·S·迪隆博士在可靠性、设计、安全、质量和工程管理领域撰写过 34 本书,分别由 Wiley(1981)、Van Nostrand(1982)、Butterworth(1983)、Marcel Dekker(1984)、Pergamon(1986)等出版社出版。超过 85 个国家在使用他的著作,其中很多本已经被翻译为德语、俄语和中文出版。1987 年,他担任了两个和可靠性与质量控制相关的国际会议首席主席,这两个会议分别在洛杉矶和巴黎举办。迪隆教授还为各种各样的组织团体担任顾问,在工业部门有着多年经验。在渥太华大学,他已经在可靠性、质量、工程管理、设计以及相关领域教学超过 29 年。他在 50 多个国家做过演讲。在北美洲、欧洲、亚洲和非洲举办的各种国际学术会议上他都做过主题报告。2004 年 3 月,B·S·迪隆博士作为特别发言人出席了外科手术失误会议,此次会议由白宫健康与安全委员会和美国国防部五角大楼发起,在美国国会举办(华盛顿特区宪法大街 1 号)。

B·S·迪隆教授在英国威尔士大学(The University of Wales)获得电子电气工程专业本科学位与机械工程专业硕士学位。他在加拿大温莎大学(The University of Windsor)获得工业工程专业博士学位。

目　　录

第1章 绪 论

1.1 研究背景

工业革命以来,在野外环境下的工程设备维修一直是富有挑战性的事。多年来,尽管野外环境下的设备维修已经取得了很大的进展,但是从成本、复杂性、竞争性和规格等因素来看,设备维修依然是一个极富挑战性的问题。全世界每年维修工程系统需要花费数以亿计的美元。例如,美国工业每年的工厂维修与运行要花费达 3000 亿美元[1]。据估计,大约其中的 80% 的费用消耗在纠正系统、设备和人员的常见故障上。

多年来,由于各种各样的因素,人在维修活动中的失误发生率越来越高,其后果非常严重。这样严重的后果有两个案例:三里岛的核事故与芝加哥奥黑尔机场的 DC‑10 型客机事故(272 个人在这次事故中丧生[2‑5])。自 19 世纪 20 年代末,大量相关的出版物不断涌现,与人的可靠性、人为失误或工程维修中的人为因素有直接或间接的联系。附录提供了一份包含 200 多个此类出版物的详细清单。

1.2 发展过程

本节给出了工程维修中人为因素、人的可靠性与失误的历史发展纵览。

1.2.1 人为因素

人为因素的历史可以追溯到 1898 年。当时佛雷德里克·W·泰勒(Frederick W. Taylor)做了各种研究来确定铲子的最佳设计方案[6]。1911 年,弗兰克·B·吉尔波斯(Frank B. Gilbreth)研究砌砖方法,并因此发明了脚手架。这个发明使得砌砖工每小时砌砖数量几乎翻了 3 倍(120 砖/h ~350 砖/h)。

1918 年,美国政府在俄亥俄州赖特·帕特森空军基地(Wright Patterson Air

Force Base)和得克萨斯州布鲁克斯空军基地(Brooks Air Force Base)建立实验室做人为因素相关管理研究[9]。在第一次世界大战到第二次世界大战期间,工业工程学和工业心理学等学科得到重大发展。1945 年,人为因素工程学被认可为一门特殊的工程学科。在 20 世纪 50 年代和 60 年代,美国军队和空间研究计划进一步增强了人为因素在系统设计上的重要性。

近年来,有许许多多与人为因素有关的文献以教科书、技术报告、设计规范和论文的形式发表。此外,全世界有许多学术性刊物、年会和专业团体都在致力于人为因素领域研究。人为因素的历史发展补充内容可在文献[7 – 10]中找到。

1.2.2　人的可靠性和人为失误

人的可靠性和人为失误的历史可以追溯到 20 世纪 50 年代后期。H·L·威廉姆斯(H. L. Williams)指出人为要素的可靠性必须归入系统可靠性预测,否则被预测的系统可靠性将无法反映实际情境[11]。1960 年,夏皮罗(Shapero)等指出很大一部分的设备故障(20% ~ 50%)是由于人为失误造成的[12]。在同一年,W·I·拉文(W. I. LeVan)的研究也指出 23% ~ 45% 的设备故障应归因于人为失误[13]。

1973 年,著名期刊《电气及电子工程师学会学报》出版了一本以人的可靠性为主题的特刊。1986 年,第一本关于人的可靠性的书《与人为因素有关的人的可靠性》(*Human Reliability*:*With Human Factors*)发表[14]。人的可靠性和人为失误的历史发展相关的补充知识可在文献[14 – 16]中找到。文献还给出了一份与此问题有关的公开出版物详细列表[17]。

1.2.3　工程维修

尽管工程维修的历史可以追溯到 1769 年大英帝国的蒸汽机发明者詹姆士·瓦特(James Watt,1735—1819)身上,但直到 1882 年美国的一本期刊《制造厂》才第一次扮演了维修领域发展过程中的批评角色[18,19]。1886 年,一本名为《铁路维修》的书在美国出版[20]。预防性维修这个术语在 20 世纪 50 年代被创造出来,同时一本关于维修工程的手册在 1957 年出版[21]。多年以来,大量关于工程维修的著作以教科书、技术报告和论文的形式发表,并且现在在全世界已经有许多机构提供关于工程维修的学术研究计划。

1.3 在工程维修中人的可靠性、人为失误和人为因素的相关知识和数据

一些直接或者间接涉及在工程维修中人的可靠性、失误和人为因素的知识点及数据如下：

- 美国联邦工业每年的工厂维修与运行要花费 3000 亿美元。大约其中 80% 的费用消耗在纠正系统、设备和人的常见故障上[1]。

- 在制造业组织结构中工厂维修部门的典型规模占运营员工总数的 5% ~ 10%[22]。

- 在一项安全问题研究中，对于 1481 起飞机机载事故的统计表明，维修和检修成为第二重要的安全问题[23,24]。该安全问题研究对从 1982 年到 1991 年间全世界范围内的喷气式飞机机载事故进行研究分析。

- 在 1993 年的一项维修事故安全研究中表明有四种类型的维修失误：遗漏（56%）、安装错误（30%）、分配错误（8%）及其他（6%）[23,25]。该安全研究对 122 件与人为因素有关的维修事故进行研究分析。

- 在 1990 年美国海军 LPH2 级（直升机降落平台 2 型）两栖登陆舰硫磺岛号（Iwo Jima）上，当维修工人使用了互相不匹配的器件对阀门进行修理并替换发动机盖锁扣之后，发生了锅炉间的蒸汽泄漏事故，有 10 个人因此而丧生[27]。

- 一项关于导弹作战中维修失误的研究将失误原因归纳为六个类别：刻度盘和控制器（度数错误、观察错误、设置错误）（38%）、安装错误（28%）、随意装配（14%）、作业位置不可达（8%）以及杂项（17%）[5,17]。

- 1985 年，因为维修失误导致 520 个人在日本航空公司波音 747 型飞机飞行事故中丧生[28,29]。

- 一项关于包括拆除、校准和校直在内的多样性维护任务的研究指出人的可靠性平均数值为 0.9871[30]。

- 在 1990 年一项核能发电事故的研究指出 42% 的问题与维修和改造有关[4]。此项研究对 126 个与人为失误有关的核能发电重大事故进行研究分析。

- 1979 年，因为维修工工序错误导致了 272 人在芝加哥 DC－10 飞机事故中身亡[5]。

- 一项研究对从 1992 年到 1994 年期间一个沸水反应堆（BWR）核电站超过 4400 条维修历史记录进行了研究分析。该研究指出大约 7.5% 的故障记录

可以归咎于维修行为中的人为失误[31,32]。

●根据参考资料维修失误导致了 15% 的运输机事故,每年消耗美国航空工业超过 10 亿美元。

●在 1988 年英国的克拉彭铁路枢纽站(Clapham Junction),由于接线时的维修失误发生事故,导致了 30 人死亡和 69 人重伤[34]。

●一个考察报告指出,在火力发电厂中超过 20% 的系统故障是人为失误和维修错误造成的,这说明人为失误是火力发电厂每年大约 60% 功率损失的原因。波音公司的研究表明,19.1% 的在航发动机停车是由维修错误引起[33]。

●一项研究表明,从 1965 年到 1995 年间发生在日本核电站的 199 个人为失误中大约有 50% 与维修活动有关[36]。

●一项研究表明,维修与检查是导致大约 12% 的重大飞机事故的因素[37,38]。

●1988 年,波音 737 - 200 型客机的上层结构在飞行过程中由于结构损坏而掉落,此项事故的主要原因是维修人员在检查过程中没有能发现机壳外部超过 240 条的裂缝[39,40]。

1.4　名词和概念

本节介绍了一些有用的名词和概念,这些名词和概念与工程维修中人的可靠性、人为失误和人为因素有关[41-50]:

●维修:维持或者修复一个零件或设备以达到特定条件所需要的所有行为。

●人的可靠性:在任何一个系统的特定运行阶段中人在最小限定时间期限内(如果时间要求确定)成功完成一项任务的概率。

●人为因素:一个与人类特性有关的科学事实的名词主体。术语涵盖了社会心理与生物医学上的考量。它也包括但是不局限于人员选择、培训原则以及在人体工程学、人员表现评估、工作表现援助以及生命保障等领域的实际应用。

●人为失误:由于未能完成一项特定任务(或者错误地实施了明令禁止的行为)导致了预定运行产生故障或者对装备与资产造成损害。

●修复性维护:因为维修人员或者用户的认知缺乏或认知错误导致的计划外维修或者对设备、系统及零件的恢复维修。

●检查:对零件状况与性能的定性观测。

- 安全:对人的生命及其效用的保护,对按照特定任务要求可能发生损害的预防。

- 人的绩效:在给定条件下对行为与事故的量度。

- 预防性维修:在有计划的、周期性的、具体的程序中所实施的行为,通过修理与检查以确保装备在正常的生产条件下运行。以上所有的行为都是为减少故障发生的概率或者预防后续装备效用降低到无法接受的水平,而不是故障发生后再进行修正。

- 故障:项目、装备、系统无法再执行它的指定功能。

- 事故:特指事件包含了对特定系统的损害以至于电流或者系统输出的突然中断。

- 人的绩效可靠性:在特定条件下人员能够履行所有规定功能的概率。

- 维修人员:实施预防性维修、对用户的业务上的交流进行回应、对于一个项目或者设备执行适当的修复性维修的个体,又可以称为维护工程师、服务人员、修理人员、技师和技工。

- 连续性任务:包含一些追踪行为(如监视一个变化的状态)的任务/工作。

- 任务期限:执行一个给定任务所需的正常运行时间要素。

- 危险情况:威胁人的生命、财产、健康或者环境的潜在状态。

- 风险:损害的严重程度与危险情况的发生概率。

- 可维护性:在故障情况下能够修复至可满足生产条件的概率。

- 可靠性:在规定的条件下在要求的时期内一个对象实现特定功能的概率。

- 冗余性:使用超过一个手段来实现一个规定的功能。

1.5 在工程维修中人的可靠性、人为失误和人为因素的有用资料

本节列出了选定的出版物、组织和数据源,可以从中直接或者间接地获取在工程维修中人的可靠性、人为失误和人为因素的有用信息。

1.5.1 出版物

出版物分为四类:书、技术报告、会议记录和期刊。

1.5.1.1 书

- Reason,J.,Hobbs,A.,*Managing Maintenance Error:A Practical Guide*,Ashgate Publishing, Aldershot, UK, 2003.

● Dhillon, B. S. , *Human Reliability: With Human Factors*, Pergamon Press. New York. 1986.

● Patankar, M. S. , Taylor, J. C. , *Risk Management and Error Reduction in Aviation Maintenance*, Ashgate Publishing, Aldershot, UK, 2006.

● Whittingham, R. B. , *The Blame Machine: Why Human Error Causes Accidents*, Elsevier Butterworth – Heinemann, Oxford, UK, 2004.

● Strauch, B. *Investigating Human Error: Incidents, Accidents, and Complex Systems*, Ashgate Publishing, Aldershot, UK, 2002.

● Corlett, E. N, Clark, T. S. , *The Ergonomics of Workspaces and Machines*, Taylor and Francis, London, 1995.

● Karwowski, W. , Marras, W . S. , *The Occupational Ergonomics Handbook*, CRC Press, Boca Raton, FL, 1999.

● Sanders, M. S. , McCormick, E. J. , *Human Factors in Engineering and Design*, McGraw Hill, New York, 1993.

● Hall, S. , *Railway Accidents*, Ian Allan Publishing, Shepperton, UK, 1997.

● Dhillon, B. S. , *Engineering Maintenance: A Modern Approach*, CRC Press, Boca Raton, FL, 2002.

1.5.1.2　技术报告

● Report No. CAP 718, Human Factors in Aircraft Maintenance and Inspection, Prepared by the Safety Regulation Group, Civil Aviation Authority, London, UK. Available from the Stationery Office, P. O. Box 29, Norwich, UK.

● Circular 243 – AN 151, Human Factors in Aircraft Maintenance and Inspection, International Civil Aviation Organization, Montreal, Canada, 1995.

● Report No. DOT/FRA/RRS – 22, Federal Railroad Administration (FRA) Guide for Preparing Accident/Incident Reports, FRA Office of Safety, Washington, D. C. , 2003.

● Maintenance Error Decision Aid (MEDA) , Developed by Boeing Commercial Airplane Group, Seattle, Washington, 1994.

● Report No. NTSR/SIR – 94/02, Maintenance Anomaly Resulting in Dragged Engine During Landing Rollout, Northwest Airlines Flight 18, New Tokyo International Airport, March 2, 1994, National Transportation Safety Board (NTSB) , Washington,

D. C. ,1995.

● Hobbs, A. , Williamson, A. , Aircraft Maintenance Safety Survey – Results, Report, Australian Transport Safety Bureau, Canberra, Australia, 2000.

● Seminara, J. L. , Parsons, S. O. , Human Factors Review of Power Plant Maintenance, Report No. EPRINP – 1567, Electric Power Research Institute(EPRI) , Palo Alto, CA, 1981.

● WASH – 1400, Reactor Safety Study: An Assessment of Accident Risks in U. S. Commercial Nuclear Power Plants, U. S. Nuclear Regulatory Commission, Washington, D. C. , 1975.

● Nuclear Power Plant Operating Experience, from the IAEA/NEA Incident Reporting System 1996—1999, Report, Organization for Economic Co – operation and Development(OECD) , 2 rue Andre – Pascal, 75775 Paris Cedex 16, france, 2000.

● Report No. DOC 9824 – AN/450, Human Factors Guidelines for Aircraft Maintenance Manual, International Civil Aviation Organization (ICAO) , Montreal, Canada, 1993.

● Report No. 2 – 97, Human Factors in Airline Maintenance: A Study of Incident Reports, Bureau of Air Safety Investigation(BASI) , Department of Transport and Regional Development, Canberra, Australia, 1997.

1. 5. 1. 3　会议记录

● Proceedings of the Human Factors and Ergonomics Society Conference, 1997.

● Proceedings of the Airframe/Engine Maintenance and Repair Conference, 1998.

● Proceedings of the Annual Reliability and Maintainability Symposium, 2001.

● Proceedings of the International Conference on Design and Safety of Advanced Nuclear Power Plants, 1992.

● Proceedings of the IEEE 6th Annual Human Factors Meeting, 1997.

● Proceedings of the 5th Federal Aviation Administration(FAA)Meeting on Human Factors Issues in Aircraft Maintenance and Inspection, 1991.

● Proceedings of the 48th Annual International Air Safety Seminar, 1995.

● Proceedings of the 9th International Symposium on Aviation Psychology, 1997.

● Proceedings of the 15th Symposium on Human Factors in Ariation Maintenance, 2001.

● Proceedings of the IEEE International Conference on Systems, Man, and Cybernetics,1996.

1.5.1.4 期刊

- *International Journal of Industrial Ergonomics*
- *Reliability Engineering and System Safety*
- *Safety Science*
- *ATEC Journal*
- *Human Factors*
- *Rail International*
- *Human Factors in Aerospace and Safety*
- *Maintenance Technology*
- *Industrial Maintenance and Plant Operation*
- *Journal of Quality in Maintenance Engineering*
- *Maintenance Journal*
- *Journal of Occupational Accidents*
- *Aeronautical Journal*
- *International Journal of Man – Machine Studies*
- *Asia Pacific Air Safety*
- *Ergonomics*
- *Aviation Mechanics Bulletin*
- *The CRM Advocate*
- *Applied Ergonomics*
- *Accident Prevention and Analysis*
- *Journal of Railway and Transport*
- *Human Factors and Ergonomics in Manufacturing*
- *Modern Railways*
- *Naval Engineers Journal*
- *Maintenance and Asset Management Journal*
- *Nuclear Safety*

1.5.2 数据源

一些数据源列在下面,它们直接或者间接地对获得工程维修中人的可靠性、人为失误和人为因素的相关资料有所帮助。

- National Technical Information Service, 5285 Port Royal Road, Springfield, Virginia, USA.

- Stewart, C. , The Probability of Human Error in Selected Nuclear Maintenance Tasks, Report No. EGG – SSDC – 5586, Idaho National Engineering Laboratory, Idaho Falls, Idaho, 1981.

- Gertman, D. I. , Blackman, H. S. , *Human Reliability and Safety Analysis Data Handbook*, John Wiley and Sons, New York, 1994.

- Data on Equipment Used in Electric Power Generation, Equipment Reliability Information System(ERIS), Canadian Electrical Association, Montreal, Quebec, Canada.

- GIDEP Data, Government Industry Data Exchange Program (GIDEP) Operations Center, Fleet Missile Systems, Analysis, and Evaluation, Department of Navy, Corona, California.

- Schmidtke. H. , Editor, *Ergonomic Data for Equipment Design*, Plenum Press, New York, 1984.

- Dhillon, B. S. , *Human Reliability. With Human Factors*, Pergamon Press, New York, 1986 (this book lists over 20 sources for obtaining human reliability/error data).

- Boff, K. R. , Lincoln, J. E. , *Engineering Data Compendium : Human Perception and Performance*, Vols. 1 – 3, Armstrong Aerospace Medical Research Laboratory, Wright – Patterson Air Force Base, Ohio, 1988.

- Defense Technical Information Center, DTIC – FDAC, 8725 John K. Kingman Road, Suite 0944, Fort Belvoir, Virginia.

- Dhilloo. B. S. , *Human Error Data Banks, Microelectronics and Reliability*, Vol. 30, 1990, pp. 963 – 971.

- DOD – HDBK – 743A, Anthropometry of U. S. Military Personnel, Department of Defense, Washington, D. C.

- MIL – HDBK – 759B, Human Factors Engineering Design for Army Material, Department of Defense, Washington, D. C.

1.5.3 组织

一些机构组织的名录列在下面,它们直接或者间接地在获得工程维修中人的可靠性、人为失误和人为因素的相关资料方面能够有所帮助。

- International Civil Aviation Organization, 999 University Street, Montreal,

Quebec, Canada.

● Society for Maintenance and Reliability Professionals, 401 N. Michigan Avenue, Chicago, Illinois.

● Japan Institute of Plant Maintenance. Shuwa Shiba - Koen - 3 - Chome Bldg. ,3 - 1 - 38, Shiba - Koen, Minato - Ku, Thkyo, Japan.

● Civil Aviation Safety Authority. North Bourne Avenue and Barry Drive Intersection, Canberra, Australia.

● Transportation Safety Board of Canada, 330 Spark Street, Ottawa, Ontario, Canada.

● Maintenance Engineering Society of Australia(MESA) , 11 National Circuit, Barton, ACT, Australia.

● Airplane Safety Engineering Department, Boeing Commercial Airline Group, The Boeing Company, 7755E. Marginal Way South, Seattle, Washington.

● Federal Railroad Administration, 4601 N. Fairfax Drive. Suite 1100, Arlington, Virginia.

● National Research Council, 2101 Second Street, SW, Washington. D. C.

● Society for Machinery Failure Prevention Technology, 4193 Sudley Road, Haymarket, Virginia.

● Transportation Research Board, 2101 Constitution Avenue, NW, Washington, D. C.

● American Institute of Plant Engineers, 539S. Lexington Place, Anaheim, California.

● Society of Logistics Engineers, 8100 Professional Place, Suite 211, Hyattsville, Maryland.

1.6　本书内容范围

就像其他技术领域一样,工程维修也受到人为失误的影响。近年来,因为多种因素,如三里岛的核事故与芝加哥奥黑尔机场的 DC - 10 型客机坠毁事故影响,维修活动中的人为失误得到了越来越多的关注。

多年来,在工程维修领域有关人为失误、可靠性和人为因素的许多出版物基本上以期刊、会议论文或者技术报告的形式发表。但是直到现在,据笔者所知,没有一本书将这三个主题全部涵盖在维修安全的框架之内。本书不仅尝试提供在工程维修中人的可靠性、人为失误和人为因素领域中相关的最新研究成果,而且要介绍与人为因素、可靠性和失误有关领域的有效进展。

最后,本书的主要目标是给对工程维修领域中人的可靠性、人为失误和人为因素感兴趣的专业人士提供信息,有助于减少或者消除在本领域中人为失误的发生。本书将对以下人员有帮助,包括在维修领域工作的专业工程师、维修工程研究者与教师,与可靠性、安全及人为因素有关的专业人员以及维修工程管理人员。

1.7　问　　题

1. 撰写一篇关于工程维修中人的可靠性、人为失误和人为因素的短文。

2. 解释以下名词:

- 人为因素;

- 人的可靠性;

- 维修。

3. 列出至少五个与工程维修中人为失误/可靠性有关的实例与数据。

4. 分别论述以下两个领域的历史发展:

- 人的可靠性;

- 人为因素。

5. 事故和风险之间的区别是什么?

6. 解释以下名词:

- 人为失误;

- 维修人员。

7. 列出最少五个能够获取工程维修中人的可靠性和失误相关信息的期刊。

8. 列出至少七个能够获取工程维修中人的可靠性、人为失误和人为因素相关信息的重要组织。

9. 预防性维修与修复性维修的区别是什么?

10. 列出至少六本书,要求它们直接或者间接地包含了工程维修中人的可靠性、人为失误和人为因素的相关信息。

参考文献

[1] Latino,C. J. ,Hidden Treasure:Eliminating Chronic Failures Can Cut Maintenance Costs up to 60% ,Report,

Reliability Center, Hopewell, Virginia, 1999.

［2］Wu, T. M. , Hwang, S. L. , Maintenance Error Reduction Strategies in Nuclear Power Plants, Using Root Cause Analysis, *Applied Ergonomics*, Vol. 20, No. 2, 1989, pp. 115 – 121.

［3］Speaker, D. M, Voska, K. J. , Luckas, W. J. , Identification and Analysis of Human Effors Underlying Electric/ Electronic Component Related Events Reort No. NUREG/CR – 2987, Nuclear Power Plant Operations, United States Nuclear Regulatory Commission, Washington, D. C. , 1983.

［4］Reason, J. , Human Factors in Nuclear Power Generation: A System's Perspective, *Nuclear Europe World-scan*, Vol. 17, No. 5 – 6, 1997, pp. 35 – 36.

［5］Christensen, J. M. , Howard, J. M. , Field Experience in Maintenance, in *Hunan Detection and Diagnosis of System Failures*, edited by J. Rasmussen and W. B. , Rouse, Plenum Press, New York, 1981, pp. 111 – 133.

［6］Chapanis, A. , *Man – Machine Engineering*, *Wadsworth* Publishing Company, Belmont California, 1965.

［7］Meister, D. , Rabideau, G. F. , *Human Factors Evaluation in System Development*, John Wiley and Sons, New York. 1965.

［8］Woodson, W. E. , Human Factors Design Handbook, McGraw – Hill Book Company, New York, 1981 .

［9］McCormick, E. J. , Sanders, M. S, Human Factors in Engineering and Design, McGraw – Hill Book Company, New York, 1982.

［10］Dhillon, B. S. , Advanced Design Concepts for Engineers, Technomic Publishing Company, Lancaster, Pennsylvania, 1998 .

［11］Williams, H. L. , Reliability Evaluation of the Human Component in Man – Machine Systems, Electrical Manufacturing, April 1958, pp. 78 – 82 .

［12］Shapero, A. , Cooper, J. L, Rappaport, M. , Shaeffer, K. H. , Bates, C. J. , Human Engineering Testing and Malfunction Data Collection in Weapon System Program, WADD Technical Report No. 60 – 36, Wright – Patterson Air Force Base, Dayton, Ohio, February 1960.

［13］LeVan, W. I. , Analysis of the Human Error Problem in the Field, Report No. 7 – 60 – 932004, Bell Aero Systems Company, Buffalo, New York, June 1960.

［14］Dhillon, B. S, Human Reliability: With Human Factors, Pergamon Press, New York 1986.

［15］ Dhillon, B. S. , Human Reliability and Error in Medical Systems, World Scientific Publishing, New York, 2003.

［16］Dhillon, B. S. , Human Reliability and Error in Transportation Systems, Springer, London, 2007.

［17］Dhillon, B. S. , Yang, N. , Human Reliability: A Literature Survey and Review, Microelectronics and Reliability, Vol. 34, 1994, pp. 803 – 810.

［18］The Volume Library: A Modern Authoritative Reference for Home and School Use, The South – Western Company, Nashville, TN, 1993.

［19］Factory, McGraw – Hill, New York, 1882 – 1968.

［20］Kirkman, M. M. , Maintenance of Railways, C. N. Trivess Printers, Chicago, 1886.

［21］Morrow, L. C. , Editor, Maintenance Engineering Handbook, McGraw – Hill, New York 1994.

［22］Niebel, B. W. , Engineering Maintenance Management, Marvel Dekker, New York 1994.

12

[23] Human Factors in Airline Maintenance: A Study of Incident Reports, Bureau of Air Safety Inspection, Department of Transport and Regional Development, Canberra, Australia, 1997.

[24] Russell, P. D. , Management Strategies for Accident Prevention, AirAsia, Vol. 6, 1994 pp. 31 – 41.

[25] Circular 243 – AN/151, Human Factors in Aircraft Maintenance and Inspection, International Civil Aviation Organization, Montreal, Canada, 1995.

[26] Robinson, J. E. , Deutsch, W. E. , Rogers, J. G. , The Field Maintenance Interface between Human Engineering and Maintainability Engineering, Human Factors, Vol. 12, 1970 pp. 253 – 259.

[27] Joint Fleet Maintenance Manual . Vol. 5, Quality Assurance, Submarine Maintenance Engineering, United States Navy, Portsmouth, New Hampshire, 1991.

[28] Gero, D. , Aviation Disasters, Patrick Stephens, Sparkford, UK, 1993.

[29] ASTB Survey of Licensed Aircraft Maintenance Engineers in Australia, Report No. ISBN 0642274738, Australian Transport Safety Bureau (ATSB), Department of Transport and Regional Services, Canberra, Australia, 2001.

[30] Sauer, D. , Campbell, W. B, Potter, M. R. , Askern, W. B. , Relationships between Human Resource Factors and Performance on Nuclear Missile Handling Tasks, Report No. AFHRL – TR – 76 – 85 /AFWL – TR – 76 – 301, Air Force Human Resources Laboratory/Air Force Weapons Laboratory, Wright – Patterson Air Force Base, Dayton, Ohio, 1976.

[31] Pyy, P. , An Analysis of Maintenance Failures at a Nuclear Power Plant, Reliability Engineering and System Safety, Vol. 72, 2001, pp. 293 – 302.

[32] Pyy, P. , Laakso, K. , Reiman, L. , A Study of Human Errors Related to NPP Maintenance Activities, Proceedings of the IEEE 6th Annual Human Factors Meeting, 1997, pp. 12. 23 – 12. 28.

[33] Marx, D. A. , Learning from Our Mistakes: A Review of Maintenance Error Investigation and Analysis Systems (with Recommendations to the FAA), Federal Aviation Administration (FAA), Washington, D. C. January 1998.

[34] Report: Investigation into the Clapham Junction Railway Accident, Her Majesty's Stationery Office, London, UK, 1989.

[35] Daniels, R. W. , The Formula for Improved Plant Maintainability Must Include Human Factors, Proceedings of the IEEE Conference on Human Factors and Nuclear Safety, 1985, pp. 242 – 244.

[36] Hasegawa, T. , Kemeda, A. , Analysis and Evaluation of Human Error Events in Nuclear Power Plants, Presented at the Meeting of the IAEA's CRP on "Collection and Classification of Human Reliability Data for Use in Probabilistic Safety Assessments," May 1998. Available from the Institute of Human Factors, Nuclear Power Engineering Corporation, 3 – 17 – 1, Toranomon, Minato – Ku, Tokyo, Japan.

[37] Marx, D. A. , Graeber, R. C. , Human Error in Maintenance, in Aviation Psychology in Practice, edited by N. Jonston, N. McDonald, and R. Fuller, Ashgate Publishing, London, 1994, pp. 87 – 104.

[38] Gray, N. , Maintenance Error Management in the ADF, Touchdown (Royal Australian Navy), December 2004, pp. 1 – 4. Also available online at http://www. navy. gov. au/publications/touchdown/dec04/maintrr. html.

[39] Report No. DOC 9824 – AN450, Human Factors Guidelines for Aircraft Maintenance Manual, International Civil Aviation Organization(ICAO), Montreal, Canada, 2003.

[40] Wenner, C. A, Drury, C. G, Analyzing Human Error in Aircraft Ground Damage Incidents, International Journal of Industrial Ergonomics, Vol. 26, 2000, pp. 177 – 1999.

[41] Omdahl, T. P. , Editor, Reliability, Availability and Maintainability(RAM)Dictionary, ASQC Quality Press, Milwaukee, 1988.

[42] AMCP 706 – 132, Engineering Design Handbook: Maintenance Engineering Techniques, Department of Army, Washington, D. C. , 1975.

[43] DOD INST. 4151. 12, Policies Governing Maintenance Engineering within the Department of Defense, Department of Defense, Washington, D. C. , June , 1968.

[44] McKenna, T. , Oliverson, R. , Glossary of Reliability and Maintenance Terms, Gulf Publishing Company, Houston, Texas, 1997.

[45] MIL – STD – 721 C, Definitions of Terms for Reliability and Maintainability, Department of Defense, Washington, D. C.

[46] Naresky, J. J. , Reliability Definitions, IEEE Transactions on Reliability, Vol. 19, 1970 pp. 198 – 200.

[47] Von Alven, W. H. , Editor, Reliability Engineering, Prentice Hall, Englewood Cliffs New Jersey, 1964.

[48] Meister, D. , Human Factors in Reliability, in Reliability Handbook, edited by W. G. Ireson, McGraw – Hill, New York, 1966, pp. 12. 2 – 12. 37.

[49] MIL – STD – 721B, Definitions of Effectiveness Terms for Reliability, Maintainability, Human Factors, and Safety, Department of Defense, Washington, D. C. , August 1966. Available from the Naval Publications and Forms Center, 5801 Tabor Avenue, Philadelphia, Pennsylvania.

[50] MIL – STD – 1908. Definitions of Human Factors Terms, Department of Defense, Washington, D. C.

第2章 基本数学概念

2.1 引 言

数学这个名词的源头可以追溯到古希腊词语 mathema，它的本意是指科学、知识或者学问。我们现行流通的数字符号的历史可以追溯到公元前 250 年印度的赛西亚皇帝 Asoka 树立的的石柱上[1]。几个世纪以来，数学已经发展为多个专业细分领域，包括概率统计学、应用数学和纯粹数学。数学的成功应用解决了与科技相关的各种问题。

数学概念在科技领域的应用从解决星际间问题到工业部门技术设备的设计与维护。更确切地说，在过去的几十年里，多种多样的数学概念特别是概率分布与随机过程(即马尔可夫模型)，已经常常被用来研究各种与人的可靠性和失误有关的各种类型问题。

例如在 20 世纪 60 年代后期，多种统计分布常用来表达人为失误[2-4]，而且在 20 世纪 80 年代早期，马尔可夫方法用来实现冗余系统中人的可靠性相关分析[5-7]。

本章介绍了多种多样的数学概念，这些数学概念对处理工程维修中人的可靠性与失误分析有帮助。

2.2 逻辑代数法则和概率性质

布尔代数是以英国数学家乔治·布尔(1813—1864)的名字命名的，他在 1854 年开创了布尔代数[8,9]。布尔代数在人的可靠性与失误相关研究中扮演了重要的角色，关于它的五条法则如下所示[10-11]：

结合律为

$$(A + B) + C = A + (B + C) \qquad (2.1)$$

式中：A、B、C 均为任意事件或者集合；$+$ 表示并集运算。

$$(A \cdot B) \cdot C = A \cdot (B \cdot C) \tag{2.2}$$

式中：·号表示交集运算。当式(2.2)中去掉点号时，仍然表达同样的意义。

交换律为

$$A + B = B + A \tag{2.3}$$

$$AB = BA \tag{2.4}$$

分配律为

$$A(B + C) = AB + AC \tag{2.5}$$

$$(A + B)(A + C) = A + BC \tag{2.6}$$

幂等律为

$$A + A = A \tag{2.7}$$

$$AA = A \tag{2.8}$$

吸收律为

$$A(A + B) = A \tag{2.9}$$

$$A + AB = A \tag{2.10}$$

概率是对随机实验或者非确定实验的研究。在 17 世纪早期对多种冒险游戏的调查研究结果中能看到它的端倪，如皮埃尔·费马(1601—1665)和布勒斯·帕斯卡(1623—1662)所做的研究[12]。概率的基本属性如下所示[12-15]：

• 事件以 X 表示，其发生的概率为

$$O \leqslant P(X) \leqslant 1 \tag{2.11}$$

• 样本空间 S 的概率为

$$P(S) = 1 \tag{2.12}$$

• 样本空间 S 逆集合(即 $\bar{S}$)的概率为

$$P(\bar{S}) = 0 \tag{2.13}$$

• 事件以 X 表示，其发生与不发生的概率为

$$P(X) + P(\bar{X}) = 1 \tag{2.14}$$

式中：$P(X)$ 为事件 X 发生的概率；$P(\bar{X})$ 为事件不发生的概率。

• K 个独立事件交集的概率为

$$P(Y_1 Y_2 Y_3 \cdots Y_K) = P(Y_1) P(Y_2) P(Y_3) \cdots P(Y_K) \tag{2.15}$$

式中：Y_j 为第 j 个事件，$j = 1,2,3,\cdots,K$；$P(Y_K)$ 为事件 Y_j 的发生概率，$j = 1,2,3,\cdots,K$。

• K 个独立事件的并集概率为

$$P(X_1 + X_2 + \cdots + X_K) = 1 - \prod_{j=1}^{K}(1 - P(X_j)) \tag{2.16}$$

式中:X_j为第j个事件,$j = 1,2,3,\cdots,K$;$P(X_j)$为事件X_j的发生概率,$j = 1,2,3,\cdots,K$。

当$K = 2$时,式(2.16)简化为

$$P(X_1 + X_2) = P(X_1) + P(X_2) - P(X_1)P(X_2) \tag{2.17}$$

• K个互斥时间的并集概率为

$$P(X_1 + X_2 + \cdots + X_K) = \sum_{j=1}^{K} P(X_j) \tag{2.18}$$

案例 2.1

一名维修人员在执行一项维修任务 A,其由两个独立步骤组成:X 与 Y。只有两个步骤都被正确执行的情况下,这项任务才能正确完成。X 与 Y 步骤能被维修人员正确执行的概率分别为0.9和0.8。计算该名维修人员能够正确完成维修任务的概率。

将已知确定的数据代入式(2.15),得

$$P(XY) = P(X)P(Y)$$
$$= 0.9 \times 0.8$$
$$= 0.72$$

式中:$X = Y_1$;$Y = Y_2$。因此该名维修人员正确完成任务的概率为0.72。

案例 2.2

在案例 2.1 中,通过使用式(2.14)和式(2.17)计算出该名维修人员不能正确完成任务的概率。

因此通过使用式(2.14)和已经确定的数值,得

$$P(\bar{X}) = 1 - P(X)$$
$$= 1 - 0.9$$
$$= 0.1$$
$$P(\bar{Y}) = 1 - P(Y)$$
$$= 1 - 0.8$$
$$= 0.2$$

式中:$P(\bar{X})$为该名维修人员没有正确完成步骤 X 的概率;$P(\bar{Y})$为该名维修人员没有正确完成步骤 Y 的概率。

利用方程式(2.17)和以上所述计算值,得

$$P(\bar{X} + \bar{Y}) = P(\bar{X}) + P(\bar{Y}) - P(\bar{X})P(\bar{Y})$$
$$= 0.1 + 0.2 - 0.1 \times 0.2$$

$$= 0.28$$

式中: $\bar{X} = X_1$; $\bar{Y} = X_2$; $P(\bar{X} + \bar{Y})$ 为没有正确执行步骤 X 或者步骤 Y 的概率。因此该名维修人员不能正确完成任务的概率为 0.28。

2.3　有用的概念

本节介绍了在工程维修中人的可靠性和失误分析时所用到的数学概念。

2.3.1　概率

公式如下所示[14]:

$$P(Y) = \lim_{m \to \infty}\left(\frac{M}{m}\right) \tag{2.19}$$

式中: $P(Y)$ 为事件 Y 发生的概率; M 为在 m 次重复实验事件 Y 发生的总数。

2.3.2　累积分布函数类型 I

对连续随机变量来说,公式表达如下[14]:

$$F(t) = \int_{-\infty}^{t} f(x)\,\mathrm{d}x \tag{2.20}$$

式中: $f(t)$ 为概率密度函数(在人的可靠性领域又称为人为失误密度函数); t 为时间连续随机变量; $F(t)$ 为累积分布函数。

2.3.3　概率密度函数类型 I

对连续随机变量来说,使用式(2.20)表示如下:

$$\frac{\mathrm{d}F(t)}{\mathrm{d}t} = \frac{\mathrm{d}\left[\int_{-\infty}^{t} f(x)\,\mathrm{d}x\right]}{\mathrm{d}t} \tag{2.21}$$

$$= f(t)$$

2.3.4　概率密度函数类型 II

对于单域离散随机变量 X 来说,在以下条件中随机变量 X 的离散概率密度函数用 $f(x_j)$ 表示:

$$f(x_j) \geq 0, \text{所有的} x_j \in R_X (\text{范围空间}) \tag{2.22}$$

以及

$$\sum_{\text{所有的}x_j} f(x_j) = 1 \tag{2.23}$$

2.3.5　累积分布函数类型 II

对于离散随机变量来说,累积分布函数公式表示如下[12]:

$$F(x) = \sum_{x_j \leqslant x} f(x_j) \tag{2.24}$$

式中:$F(x)$ 为累计分布函数,且总满足 $0 \leqslant F(x) \leqslant 1$。

2.3.6　可靠性函数

对连续随机变量来说,公式表示如下:

$$\begin{aligned} R(t) &= 1 - F(t) \\ &= 1 - \int_{-\infty}^{t} f(x)\,\mathrm{d}x \end{aligned} \tag{2.25}$$

式中:$f(x)$ 为故障失误密度函数;$R(t)$ 为可靠性函数。

2.3.7　风险率函数

风险率函数也称为时间相关故障失误率函数,定义公式如下:

$$\begin{aligned} \lambda(t) &= \frac{f(t)}{1 - f(t)} \\ &= \frac{f(t)}{R(t)} \end{aligned} \tag{2.26}$$

式中:$\lambda(t)$ 为风险率函数,即时间相关故障误码率函数。

2.3.8　期望值类型 I

连续随机变量的期望值 $E(t)$,公式表示如下[12,14]:

$$E(t) = \mu = \int_{-\infty}^{\infty} tf(t)\,\mathrm{d}t \tag{2.27}$$

式中:μ 为平均值。在人的可靠性工作中,μ 称为人为失误平均时间,$f(t)$ 称为人为失误密度函数。

2.3.9　期望值类型 II

离散随机变量 x 的期望值 $E(x)$ 由下式表示[12,14]:

$$E(x) = \sum_{j=1}^{k} x_j f(x_j) \qquad (2.28)$$

式中:k 为随机变量 x 的离散值数量。

2.3.10 拉普拉斯变换

拉普拉斯变换的函数 $f(t)$ 定义为

$$F(s) = \int_0^{\infty} f(t) \ e^{-st} dt \qquad (2.29)$$

式中:s 为拉普拉斯变量;t 为时间变量;$F(s)$ 为 $f(t)$ 的拉普拉斯变换。

案例 2.3

对下列函数进行拉普拉斯变换:

$$f(t) = C \qquad (2.30)$$

式中:C 为常数。

使用式(2.29)得

$$\begin{aligned} F(s) &= \int_0^{\infty} C e^{-st} dt \\ &= \left. \frac{C e^{-st}}{-s} \right|_0^{\infty} \\ &= \frac{C}{s} \end{aligned} \qquad (2.31)$$

案例 2.4

对下列函数进行拉普拉斯变换:

$$f(t) = e^{-\alpha t} \qquad (2.32)$$

式中:α 为常数。在人的可靠性领域中,它也被称为人为失误率。

通过将式(2.32)代入式(2.29),得

$$\begin{aligned} F(s) &= \int_0^{\infty} e^{-\alpha t} \ e^{-st} dt \\ &= \left. \frac{e^{-(s+\alpha)t}}{-(s+\alpha)} \right|_0^{\infty} \\ &= \frac{1}{s+\alpha} \end{aligned} \qquad (2.33)$$

表2.1 列出了一些在人的可靠性相关分析中常用函数的拉普拉斯变换[16,17]。

表 2.1 人的可靠性分析中涉及的某些概率函数的拉普拉斯变换

序号	$F(t)$	$F(s)$
1	C,常数	C/s
2	$t^m, m=0,1,2,3,\cdots$	$m!\ /s^{m+1}$
3	$e^{-\alpha t}$	$1/(s+\alpha)$
4	$te^{-\alpha t}$	$1/(s+\alpha)^2$
5	$\dfrac{df(t)}{dt}$	$sF(s)-f(0)$
6	$tf(t)$	$-\dfrac{dF(s)}{ds}$
7	$\displaystyle\int_0^t f(t)\,dt$	$F(s)/s$
8	$\alpha f_1(t)+\beta f_2(t)$	$\alpha F_1(s)+\beta F_2(s)$
9	$t^{m-1}/(m-1)!$	$\dfrac{1}{s^m}, m=0,1,2,3,\cdots$

2.3.11 拉普拉斯变化:终值定理

如果以下极限存在,则终值定理可以表示为

$$\lim_{t\to\infty} f(t) = \lim_{s\to 0}\left[sF(s)\right] \tag{2.34}$$

2.4 概率分布

在人的可靠性相关分析中用到了许多的离散和连续随机变量分布,这些典型的分布有二项式分布、泊松分布、指数分布和正太分布。本节介绍了对工程维修中人的可靠性与失误分析有帮助的概率分布。

2.4.1 泊松分布

泊松分布是以西蒙·泊松(Simeon Poisson,1781—1840)[1]命名的离散随机变量分布。当考虑到同类型事件大量发生时,可使用泊松分布。事件的发生可用时间轴上的点来表示,在人的可靠性领域这样一个事件表示一个人为失误。分布密度函数为

$$f(K) = \frac{(\alpha t)^K e^{-\alpha t}}{K!}, K=0,1,2,3,\cdots \tag{2.35}$$

式中:t 为时间;α 为发生常数或者失误率。

累积分布函数 F 为

$$F = \sum_{j=0}^{K} \left[(\alpha t)^j \, \mathrm{e}^{-\alpha t} \right] / j! \qquad (2.36)$$

该分布平均数由下式得出[15,18]

$$\mu_\mathrm{p} = \alpha t \qquad (2.37)$$

式中:μ_p 为泊松分布的平均值。

2.4.2　二项式分布

二项式分布是另一个离散随机变量分布。该分布又称为伯努利分布,以它的发现者雅各布·伯努利(Jakob Bernoulli,1654—1705)命名。该分布也用来表示结果的概率,如 K 次重复试验中失误或者失败的概率。该分布以每次试验都有两种可能的结果为条件(如成功和失败),而且单次试验的概率为常数。概率密度函数 $f(x)$ 定义如下:

$$f(x) = \binom{K}{j} p^x \, q^{K-x}, x = 0,1,2,3,\cdots,K \qquad (2.38)$$

式中:

$$\binom{K}{j} = \frac{K!}{j! \ (K-j)!}$$

x 为 K 次试验中失败(失误)的总数;q 为单次试验中失败的概率;p 为单次试验中成功的概率。

累积分布函数由下式得出:

$$F(x) = \sum_{j=0}^{x} \binom{K}{j} p^j \, q^{K-j} \qquad (2.39)$$

式中:$F(x)$ 为 K 次试验中少于或者等于 x 的失败(失误)的概率。

分布平均值由下式给出[18]:

$$\mu_\mathrm{b} = Kp \qquad (2.40)$$

式中:μ_b 为二项式分布的平均值。

2.4.3　几何分布

这个离散随机变量分布与二项式分布一样基于同样的假设,不同之处在于试验的次数不固定。更准确地说,所有试验都是独立且相同的,每个试验都能导

致两个可能的结果(即成功或者失败(失误))。概率分布密度函数 $f(x)$ 定义如下[13,19]:

$$f(x) = p\,q^{x-1}, x = 0,1,2,3,\cdots \tag{2.41}$$

累积分布函数由下式给出:

$$F(x) = \begin{cases} 0, & x < 1 \\ \sum_{x_j \leqslant [x]} p\,q^{x_j-1}, & x \geqslant 1 \end{cases} \tag{2.42}$$

分布平均值为

$$\mu_{\mathrm{g}} = \frac{1}{p} \tag{2.43}$$

式中:μ_{g} 为几何分布的平均值。

2.4.4　指数分布

指数分布可能是在可靠性研究中应用最为广泛的连续随机变量概率分布,因为许多技术部件在使用寿命周期中都表现出固定故障率[20]。

分布概率密度函数定义为

$$f(t) = \lambda\,\mathrm{e}^{-\lambda t}, t \geqslant 0, \lambda > 0 \tag{2.44}$$

式中:$f(t)$ 为概率密度函数(在可靠性领域中,它也称为故障密度函数或者失误密度函数);λ 为分布参数(在可靠性领域中,它也称为固定人为失误率);t 为时间。

使用式(2.20)与式(2.44),获得如下累积分布函数表达式:

$$\begin{aligned} F(t) &= \int_0^t \lambda\,\mathrm{e}^{-\lambda t}\mathrm{d}t \\ &= 1 - \mathrm{e}^{-\lambda t} \end{aligned} \tag{2.45}$$

通过将式(2.44)代入式(227),得到如下分布期望值或平均值:

$$\begin{aligned} F(t) &= \mu = \int_0^\infty t\lambda\,\mathrm{e}^{-\lambda t}\mathrm{d}t \\ &= \frac{1}{\lambda} \end{aligned} \tag{2.46}$$

案例 2.5

假设维修人员在执行特定维护任务中的固定失误率为 0.009 失误/h。计算在 8h 任务执行过程中维修人员可能犯错误的概率。

将指定的数值代入式(2.45),得

$$F(8) = 1 - e^{-(0.009)(8)}$$
$$= 0.0695$$

因此,在给定时间区间内维修人员可能犯错误的概率为0.0695。

2.4.5 正常分布

正常分布是常用的连续随机变量分布,也称为高斯分布,以德国数学家卡尔·福雷德利希·高斯(Carl Friedrich Gauss,1777—1855)命名。该分布的概率密度函数定义为

$$f(t) = \frac{1}{\sigma \sqrt{2\pi}} \exp\left[-\frac{(t-\mu)^2}{2\sigma^2} \right], \quad -\infty < t < +\infty \tag{2.47}$$

式中:μ、σ 为分布参数(即分别为平均值与标准差)。将式(2.47)代入式(2.20),得到如下累积分布函数:

$$F(t) = \frac{1}{\sigma \sqrt{2\pi}} \int_{-\infty}^{t} \exp\left[-\frac{(x-\mu)^2}{2\sigma^2} \right] dx \tag{2.48}$$

将式(2.47)代入式(2.27),得到如下期望值或者平均值表达式:

$$E(t) = \mu \tag{2.49}$$

2.4.6 伽马分布

伽马分布是一个非常灵活的连续随机变量分布,广泛适用于包括人为失误在内的各种问题情境。分布概率密度函数定义为

$$f(t) = \frac{\lambda(\lambda t)^{\alpha-1} e^{-\lambda t}}{\Gamma(x)}, t \geqslant 0, \lambda, \alpha > 0 \tag{2.50}$$

式中:$\Gamma(x)$ 为伽马函数;λ 为分布尺度参数;α 为分布形状参数。

将式(2.50)代入式(2.20),得到如下累积分布函数:

$$F(t) = 1 - \sum_{j=0}^{\alpha-1} \frac{e^{-\lambda t}(\lambda t)^j}{j!} \tag{2.51}$$

将式(2.50)代入式(2.27),得到如下分布期望值或者平均值:

$$E(t) = \frac{\alpha}{\lambda} \tag{2.52}$$

注意当 $\alpha = 1$ 时,伽马分布变成了指数分布。

2.4.7 瑞利分布

这个连续随机变量概率分布常用于声学研究与可靠性研究中,由其发明者

约翰·瑞利(John Rayleigh,1842—1919)命名。分布概率密度函数被定义为

$$f(t) = \frac{2}{\beta^2} t e^{-\left(\frac{t}{\beta}\right)^2}, t \geq 0, \beta > 0 \tag{2.53}$$

式中:β 为分布参数。

将式(2.53)代入式(2.20),得到如下累积分布函数:

$$F(t) = 1 - e^{-\left(\frac{t}{\beta}\right)^2} \tag{2.54}$$

将式(2.53)代入式(2.27)中,得到如下分布期望值或者平均值:

$$E(t) = \beta \Gamma\left(\frac{3}{2}\right) \tag{2.55}$$

式中:$\Gamma(x)$ 为伽马函数,其定义为

$$\Gamma(y) = \int_0^\infty t^{y-1} e^{-t} dt, y > 0 \tag{2.56}$$

2.4.8　威布尔分布

这个连续随机变量概率分布可用于表达许多不同的物理现象,在 20 世纪 50 年代初期由瑞典机械工程教授威布尔(W. Weibull)提出[21]。分布概率密度函数被定义为

$$f(t) = \frac{\theta t^{\theta-1}}{\beta^\theta} e^{-\left(\frac{t}{\beta}\right)^\theta}, t \geq 0, \theta, \beta > 0 \tag{2.57}$$

式中:θ 为分布形状参数;β 为分布尺度参数。

使用式(2.57)和式(2.20),得到如下累积分布函数:

$$F(t) = 1 - e^{-\left(\frac{t}{\beta}\right)^\theta} \tag{2.58}$$

将式(2.57)代入式(2.27),得到如下分布期望值或者平均值表达式:

$$E(t) = \beta \Gamma\left(1 + \frac{1}{\theta}\right) \tag{2.59}$$

注意当 $\theta = 1$ 和 2 时,指数分布与瑞利分布分别为维泊尔分布的特例。

2.5　利用拉普拉斯变换求解一阶微分方程组

以前在人的可靠性与失误研究中使用的是马尔可夫方法(在第 4 章中描述),它的使用进而引入了一阶微分方程体系的求解问题。拉普拉斯变换的应用被认为是解决这些微分方程的有效手段。下面的案例示范了使用拉普拉斯变换解一阶线性微分方程组。

案例 2.6

假定工程系统有三种状态:正常操作、硬件问题引起的故障、维护失误引起的故障。该系统由如下微分方程描述:

$$\frac{\mathrm{d} P_0(t)}{\mathrm{d}t} + (\lambda + \lambda_m) P_0(t) = 0 \tag{2.60}$$

$$\frac{\mathrm{d} P_1(t)}{\mathrm{d}t} + \lambda P_0(t) = 0 \tag{2.61}$$

$$\frac{\mathrm{d} P_2(t)}{\mathrm{d}t} + \lambda_m P_0(t) = 0 \tag{2.62}$$

当 $t = 0$, $P_0(0) = 1$, $P_1(0) = P_2(0) = 0$ 时, $P_i(t)$ 为工程系统在状态 i 时的概率, $i = 0$(操作正常), $i = 1$(硬件问题导致故障), $i = 2$(维修失误引起故障); λ 为硬件故障引起的固定故障率; λ_m 为维修失误引起的固定故障率。

利用拉普拉斯变换求解微分方程式(2.60)~式(2.62)。

因此,使用给定的初始条件取得式(2.60)~式(2.52)的拉普拉斯变换来解下列方程式,得

$$P_0(s) = \frac{1}{(s + \lambda + \lambda_m)} \tag{2.63}$$

$$P_1(s) = \frac{\lambda}{s(s + \lambda + \lambda_m)} \tag{2.64}$$

$$P_2(s) = \frac{\lambda_m}{s(s + \lambda + \lambda_m)} \tag{2.65}$$

式中: s 为拉普拉斯变量。当工程系统时间 t 时刻为状态 i 时,其概率的拉普拉斯变换为 $P_i(s)$, $i = 0, 1, 2$。

通过式(2.63)~式(2.65)进行拉普拉斯逆变换,得

$$P_0(t) = \mathrm{e}^{-(\lambda + \lambda_m)t} \tag{2.66}$$

$$P_1(t) = \frac{\lambda}{\lambda + \lambda_m}(1 - \mathrm{e}^{-(\lambda + \lambda_m)t}) \tag{2.67}$$

$$P_2(t) = \frac{\lambda_m}{\lambda + \lambda_m}(1 - \mathrm{e}^{-(\lambda + \lambda_m)t}) \tag{2.68}$$

因此,式(2.66)~式(2.68)得出微分方程解式(2.60)~式(2.62)。

2.6 问 题

1. 证明方程式(2.6)。

2. 假设一名维修人员在执行一项维护任务。该任务有三个独立的步骤,分别为 X、Y、Z。只有所有的步骤都被正确地执行,该任务才能正确完成。步骤 X、Y、Z 分别被该名维修人员正确执行的概率为 0.95、0.75、0.99。计算该名维修人员能够正确完成维修任务的概率。

3. 在上面第二个问题中,使用式(2.14)和式(2.16)计算该名维修人员不能成功完成任务的概率。

4. 对"概率"下个精确的定义。

5. 对下列函数进行拉普拉斯变换:

$$f(t) = te^{-\lambda t} \tag{2.69}$$

式中:λ 为常数;t 为时间变量。

6. 在下列故障密度函数中得出风险率表达式:

$$f(t) = \lambda e^{-\lambda t}, t \geq 0, \lambda > 0 \tag{2.70}$$

式中:λ 为分布参数;t 为时间。

7. 证明方程式(2.46)。

8. 维泊尔分布的概率分布特例是什么?

9. 假设维修人员在执行特定维护任务中的固定失误率为 0.001 失误/h。计算在一项 6h 任务的执行过程中维修人员可能犯错误的概率。

10. 证明方程式(2.62)~式(2.65)的和等于 $1/S$,并对此结论进行评价。

参考文献

[1] Eves, H., *An Introduction to the History of Mathematics*, Holt, Reinhart, and Winston New York, 1976.

[2] Askren, W. B., Regulinski, T. L., Quantifying Human Performance for Reliability Analysis of Systems, *Human Factors*, Vol. 11, 1969, pp. 393 – 396.

[3] Regulinski, T. L., Askren, W. B., Mathematical Modeling of Human Performance Reliability, *Proceedings of the Annual Symposium on Reliability*, 1969, pp. 5 – 11.

[4] Regulinski, T. L., Askren, W. B., Stochastic Modeling of Human Performance Effectiveness Functions, *Proceedings of the Annual Reliability and Maintainability Symposium*, 1972, pp. 407 – 416.

[5] Dhillon, B. S., Stochastic Models for Predicting Human Reliability, *Microelectronics and Reliability*, Vol. 25, 1982, pp. 491 – 496.

[6] Dhillon, B. S., Rayapati, S. N., Reliability Analysis of Non – Maintained Parallel Systems Subject to Hardware Failure and Human Error, *Microelectronics and Reliability*, Vol. 25, 1985, pp. 111 – 122.

[7] Dhillon, B. S., System Reliability Evaluation Models with Human Errors *IEEE Transactions on Reliability*, Vol. 32, 1983, pp. 47 – 48.

[8] Boole, G. , *An Investigation of the Laws of Thought*, Dover Publications, New York, 1951.

[9] Hailperin, T. , *Boole's Logic and Probability*, North Holland, Amsterdam, 1986.

[10] Lipschutz, S. , *Set Theory*, McGraw – Hill, New York, 1964.

[11] Fault Tree Handbook, Report No. NUREG – 0492, U. S. Nuclear Regulatory Commission. Washinton, D. C. , 1981.

[12] Lipschutz, S. , *Probability*, McGraw – Hill, New York, 1965.

[13] Montgomery, D. C. , Runger, G. C. , *Applied Statistics and Probability for Engineers*, John Wiley and Sons, New York, 1999.

[14] Mann, N. R. , Schafer, R. E. , Singpurwalla, N. D. , *Methods fog Statistical Analysis of Reliability and Life Data*, John Wiley and Sons, New York, 1974.

[15] Shooman, M. L. , *Probabilistic Reliability: An Engineering Approach*, McGraw – Hill, New York, 1968.

[16] Spiegel, M. R. , *Laplace Transforms*, McGraw – Hill, New York, 1965.

[17] Oherhettinger, F, Badii, L. , *Tables of Laplace Transforms*, Springer – Verlag, New York, 1973.

[18] Patel, J. K. , Kapadia, C. H. , Owen, D. B. , *Handbook of Statistical Distributions*, Marcel Dekker, New York, 1976.

[19] Tsokos, C. P, *Probability Distributions: An Introduction to Probability Theory with Applications*, Wadsworth Publishing Company, Belmont, California, 1972.

[20] Davis, D. 7. , An Analysis of Some Failure Data, *Journal of the American Statistical Association*, June 1952, pp. 113 – 150.

[21] Weibull, W. , A Statistical Distribution Function of Wide Applicability, *Journal of Applied Mechanics*, Vol. 18, 1951, pp. 293 – 297.

第3章　人为因素、可靠性与
人为失误相关概念介绍

3.1　引　言

在人为因素、可靠性和人为失误领域多年来的研究已经取得了重大进展。世界上许多地区的工业部门已经为人为因素、可靠性和人为失误制定了公认的规范。许多与人为因素有关的标准文献也直接或者间接地涉及人的可靠性和人为失误。这些标准文献经常被复杂工程系统的设计规范所引用[1]。

更准确地说,设计新的系统必须满足这些文件中指定的条件。因此现在工程系统的设计研发过程中会发现人为因素专家(涉及人的可靠性与人为失误)与设计工程师携手工作是很常见的情形,如在核电与航空领域的工程系统设计中。这些专家运用多种人为因素、可靠性和人为失误的相关概念来帮助设计制造针对人类特点的高效系统[2,3]。

本章介绍了对工程维修应用有帮助的多个人为因素、可靠性和人为失误的概念,这些概念都是从已发表的著作中摘录出来的。

3.2　人为因素目标和人机系统分类及相互比较

人为因素有许多目标,可分为下列四类[4]:

• 类型Ⅰ:基本操作目标。该目标主要是考虑提高系统性能、增强安全性与减少人为失误。

• 类型Ⅱ:影响操作人员与最终用户的目标。该目标与改进工作环境、提高外观美化度、增加用户接受度和易用性以及减少用户不适度(如疲劳、身体紧张、情绪厌倦和长期单调工作)有关。

• 类型Ⅲ:影响可靠性和可维修性的目标。该目标与增强可靠性、增强可维护性、减少人力需求和减少培训要求有关。

• 类型Ⅳ:其他目标。该目标与诸如减少设备与时间损耗及提高生产效益等目的有关。

尽管人机系统有许多类型,但它们可以划分为以下三个大的分类[5]:

• 分类Ⅰ:自动化系统。这些系统实现了与运行相关的功能,包括处理、感测、决策与动作,其中的大多数都为闭环,且大多数通常为与诸如监视、维修和编程此类系统相关的基本人员功能。

• 分类Ⅱ:机械或者半自动系统。这些系统含有机电集成部分,如各种类型的带电源的机械设备。正常情况下,在这些系统中机械设备提供了动力,而人员一般来完成控制操作。

• 分类Ⅲ:手动系统。这些系统包含手动工具与辅助设备,操作人员负责全面操作。操作人员以自己的体力作为动力,与设备发生大量的信息交互。

人与机器的主要不同点[6]:

• 人有优秀的记忆(设备要有同样的能力则代价昂贵)。

• 人的维持需求相对容易满足(设备的维护问题则随着复杂程度变得严重)。

• 人易受到各种社会环境的影响(设备则独立于所有的社会环境类型)。

• 人的执行效率受到情绪忧虑影响(设备则完全没有这个缺点)。

• 人的工作表现变化很大(设备则相对固定)。

• 人对模糊、不清楚和不可靠的情况有比较高的容忍度(设备在这些因素上的容忍度很有限)。

• 人受限于信道容量的大小(而设备有无限的信道容量)。

• 人对于偶发事件难以检测(设备则有能力对稀少事件进行可靠侦测)。

• 人会因为人际关系或者其他困难受到压力(设备则完全不会有这样的问题)。

• 人不适合执行诸如放大、数据编码或者变换此类的任务(设备则对执行这样任务非常有用)。

• 人对实时事件的短期记忆有限(设备则可以有无限的短期记忆,但是为此增加的设备负担是限制因素)。

• 人受到诸如晕车、晕船、晕机、失去方向感及科里奥利效应等因素的影响(设备则对这些效应完全不受影响)。

• 人经常偏离最优策略(设备永远遵循设计策略)。

• 人会因为疲劳和无聊工作表现变差(设备则不受这些因素影响,但是它们的性能会因为磨损或者缺少校准而退化)。

● 人面对新的条件能归纳出决策来（设备则几乎没有归纳能力）。

3.3 人的感知能力和典型人类行为及相应的设计考虑

人拥有多种有用的敏感器官：触觉、视力、味觉、听觉和嗅觉。对这些感觉的清晰了解有助于减少工程维修中人为失误的发生。因此，与人感知相关的能力描述如下[3,7]。

3.3.1 触觉

触觉与人对视觉与听觉刺激进行理解的能力有关。触觉通过肌肉与皮肤接收提示，发送信息给大脑，在一定程度上减轻了耳朵与眼睛的工作量。

3.3.2 视觉

视觉是确定波长的电磁波刺激，这些电磁波位于电磁波谱中的可见光区中。光谱中有多个区域，在人眼看来其亮度有差异。比如，在白天里人眼对波长大约为 $5500Å(1Å=0.1nm)$ 的浅绿色—黄色光非常敏感[7]。

此外，当人眼向前看时能接受到所有的颜色，但是随着视角的增加，可接受的光线颜色开始减少。也就是说，人眼从不同的角度所看到的事物并不相同。

3.3.3 振动

过去的经验表明，振动的存在对包括维修人员在内的各类人员的心理与生理都非常有害。振动参数有许多，包括频率、速度、加速度和振幅。更准确地说，大振幅和低频率振动引发了各种问题，包括头痛、眼疲劳、疲乏、晕车、晕船、晕机。这对正常读取和理解仪器仪表造成了干扰[7]。而且高频和低振幅振动也会导致一定程度上的疲乏。

3.3.4 噪声

噪声可以简单地描述为缺乏相关性的声音，人对噪声的反应不止是听觉系统（如烦躁不安、疲乏或者厌倦）。严重的噪声会带来问题，比如：在需要肌肉高度协调与精确操作时或者精神高度集中时带来有害影响、降低工作者的效率，长时间曝露在噪声中会导致听力丧失。本领域研究人员在长达多年的时间里对各种各样的人类行为进行了观测，一些典型的人类行为及其对应的设计考虑在

31

表3.1中列出[2]。

表3.1 人的典型行为与其相应设计考虑

序号	人的典型行为	相应设计考虑
1	人经常趋向于加快速度	在设计开发中会将人的加快速度倾向加以考虑
2	人容易对不熟悉的物品与事物感到疑惑	在设计中避免完全陌生的物品与事物
3	人经常使用触觉来探索或者测试未知事物	在设计中,特别是对产品或者物品处理方面,基于这个因素给出详细的警示说明
4	人通常认为加工制成品是安全的	设计不可能出现使用错误的产品
5	人已经习惯于特定色彩所表达的意义	在设计中严格遵守现有的色彩编码标准
6	人通常认为打开电源,开关应该朝上或者朝右等	按照人的预期来设计此类开关
7	人总是认为水龙头或者操作手柄应该按照顺时针方式转动以加大气体、蒸汽、液体的流量	按照人的预期来设计此类物品

3.4 人为因素相关准则

很久以来,为了评估人为因素,相关信息研究人员提出了许多数学公式,有四个对工程维修应用很有帮助的公式列在后面的内容里。

3.4.1 检查人员绩效评估公式

检查人员绩效评估公式用来评估检查人员在检查任务中的绩效。该检查人员的绩效为[3,8]

$$\theta_i = \frac{T_{tr}}{n_p - n_{ie}} \tag{3.1}$$

式中:θ_i 为正确检查的分钟数来表示的检查人员绩效;n_p 为被检查样品的总数;n_{ie} 为检查人员失误的总数;T_{tr} 为用分钟数表示的总体反应时间。

3.4.2 休息时间评估公式

当人执行冗长或者紧张的任务时,加入适当的休息时间非常必要。因此,该公式用来评估有计划或者无计划的休息时间长度。需要的休息时间长度表

示为[9]

$$T_{\mathrm{rp}} = \frac{T_{\mathrm{w}}(E_\alpha - E_{\mathrm{s}})}{(E_\alpha - \mathrm{RL}_\alpha)} \tag{3.2}$$

式中：T_{rp} 为以分钟表示的所需休息时间长度；T_{w} 为以分钟表示的工作时间；E_α 为以每工作时间单位分钟消耗卡路里表示的平均能量成本/消耗；E_{s} 为标准的每分钟卡路里数；RL_α 为以每分钟卡路里数表示的大约休息水平（通常，RL_α 的值从 1.5 中取得）。

3.4.3　字符大小评估公式

通常，仪器面板观察距离为 28 英寸（1 英寸 = 25.4mm）时为舒适操作距离且易于定位校准的控制。该公式在 28 英寸的观测距离上评估字符大小，字符大小表示如下

$$C_{\mathrm{h}} = \frac{C_{\mathrm{s}} D_{\mathrm{v}}}{28} \tag{3.3}$$

式中：C_{v} 为以英寸表示的指定观察距离；C_{h} 为在指定观察距离 C_{v} 上的字符大小；C_{s} 为在 28 英寸观察距离下的标准字符大小。

案例 3.1

假设维修人员不得不从 70 英寸的距离上去读取仪表，而在 28 英寸观察距离上标准字符的大小为 0.50 英寸。估计在给定观测距离上的字符大小。

将给定数值代入式(3.3)，得

$$C_{\mathrm{h}} = \frac{0.50 \times 70}{28}$$

$$= 1.25(英寸)$$

因此，在 70 英寸观察距离下的字符大小为 1.25 英寸。

3.4.4　强光常数评估公式

在维护工作时发生的许多人为失误是强光造成的。强光常数值可由以下公式估算[9]：

$$\alpha = \frac{\lambda^{0.8}\beta^{1.6}}{L_{\mathrm{g}}\mu^2} \tag{3.4}$$

式中：α 为强光常数；L_{g} 为一般背景亮度；λ 为光源对向眼睛的立体角；μ 为强光来源与观察方向之间的方向角；β 为光源亮度。

3.5　人为因素准则与数据源

多年来工作在人为因素领域的研究员提出了许多对工程系统设计应用有帮助的人为因素相关准则,其中有些准则如下[2,6]:

- 回顾与人为因素有关的系统目标。
- 获得所有与人为因素有关的适合设计参考文件。
- 在系统设计与运行阶段提出并使用人为因素相关清单。
- 选择经过行业内实践考验过的人为因素专家来服务。
- 在系统设计得到用户获准并交货之前实施现地试验。
- 从人为因素的角度对最终生产设计图进行检查。
- 使用测试用实物模型来对用户—硬件接口设计方案进行可行性测试。

有许多数据源汇总了与人为因素有关的数据信息,其中一些重要数据源如下[10,11]:

- 试验报告。这些报告包含了从工业项目或者工业产品测试中得到的数据。
- 用户经验报告。这些报告包含了反映在实地环境中系统/装备的用户经验数据。
- 公开出版的标准。这些文件由包括专业学会和政府部门在内的多种组织出版。
- 公开发表的著作。这些著作包括诸如期刊、技术报告和会议记录等。
- 系统开发阶段。这是对于收集人为因素相关资料非常好的数据源。
- 过往经验。这是从以前发生的相似案例中获取数据的有用数据来源。

3.6　人的绩效表现与操作人员压力特性

研究人员对人的绩效与压力之间的关系进行了长达多年的研究并得出结论。这样的关系如图3.1中的曲线图所示[12,13]。

该曲线表示在完成理想人的绩效表现时所必需的中等水平的压力,否则在极低压力的情况下,工作任务可能会变得无趣且没有挑战,随之而来人的绩效表现也会降低,更不会到达最高点。

因为恐惧、忧虑或者其他心理压力,超过适当水平的压力会导致人的绩效退

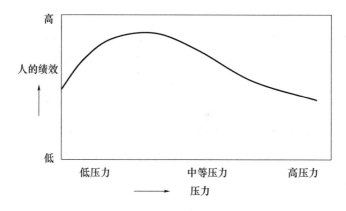

图 3.1　人的绩效表现与压力曲线

化。这表明人在高压力下出现人为失误的概率要比中等压力下高。

　　操作人员在各种工程地区执行各种类型任务。在执行这样的任务时,应该有一定的限制条件。过往经验表明,当违背了这些限制条件时,人为失误的概率就会大幅提高[14]。在系统设计过程中如果仔细考虑对操作人员的限制条件与任务特征,会大大减少失误概率。其中一些任务特征描述如下[14]:

- 任务执行每一步骤都以高速进行;
- 在决定采取正确的行动时缺乏反馈信息;
- 长期的监视需求;
- 过短的决策时间;
- 执行任务所需要的一系列步骤多且繁琐;
- 对两个以上的控制行为进行快速操作;
- 对两个以上的显示器进行快速比较;
- 多个数据源收集数据并据此做出决策。

3.7　职业压力源与常见压力诱因

　　职业压力源可以分为以下四类[12]。

- 第Ⅰ类:工作量相关压力源。这些压力源与工作量过轻或者过重有关。在工作量过轻的情况下,当前执行的单人任务不能提供足够刺激。工作量过轻的情况比如不用任何智力投入、任务重复、不需要使用专门的知识和技能。相反,在工作量过大的情况下,工作的要求已经让个体无法以有效的方式满足。
- 第Ⅱ类:职业变化相关压力源。这些压力源能够对个体的认知、行为及生理功能模式进行破坏。

●第Ⅲ类:职业挫折相关压力源。这些压力源与职业挫折相关问题有关。这些问题包括缺乏正确的沟通、没有职业发展指导、个体角色模糊。

●第Ⅳ类:其他压力源。这些压力源包括所有与上述三类无关的压力源,如人际关系不好、光照太多或者太少、噪声太大。

多年以来,人力工程领域的许多研究者都指出有许多常见因素可能导致人员个体的压力急剧增加,进而导致单个人员的可靠性大幅度恶化。其中一些常见因素如下[15]:

●健康状况不佳。

●工作裁员的可能性。

●与脾性不相投的其他成员合作。

●严重的财务困难。

●在非常紧张的时间压力下工作。

●对于正在实施的工作缺乏应有的技能。

●缺乏升职的机会。

●工作监督人员提出的过度要求。

3.8　人的可靠性表现函数与纠错函数

这两个函数分别由以下公式推导出来。

3.8.1　人的绩效可靠性函数

尽管不是所有人执行的任务都是连续时间的,但是有时人确实要执行时间连续的任务,如观测监测、导弹倒数计秒、飞行器机动。在这些情况下,人的可靠性表现是非常重要的参数。

因此在时间连续的任务中,在有限时间间隔 Δt 人为失误发生的概率为[16-19]

$$P(B/A) = \lambda(t)\Delta t \qquad (3.5)$$

式中:A 为在持续时间 t 内发生了人为失误的事件;B 为在时间间隔$(t, t+\Delta t)$内可能发生人为失误的事件;$\lambda(t)$ 为时间相关失误率。

因此,人的失误出现的联合概率为

$$P(\bar{B}/A)P(A) = P(A) - P(B/A)P(A) \qquad (3.6)$$

式中:$P(A)$ 为事件 A 的发生概率;$\bar{B}$ 为在时间间隔 $[t, t+\Delta t]$ 内不会发生人为失误的事件的概率。

式(3.6)可被重写为[16-19]

$$\mathrm{HR}(t) - \mathrm{HR}(t)P(B/A) = \mathrm{HR}(t + \Delta t) \tag{3.7}$$

式中:$\mathrm{HR}(t)$ 为在时间 t 时人的可靠性;$\mathrm{HR}(t + \Delta t)$ 为在时间 $t + \Delta t$ 时人的可靠性。

式(3.6)表示在时间间隔 $[0, t]$ 和 $[t, t+\Delta t]$ 内人的失误出现概率。

将式(3.5)代入式(3.7),得

$$\frac{\mathrm{HR}(t + \Delta t) - \mathrm{HR}(t)}{\Delta t} = -\lambda(t)\mathrm{HR}(t) \tag{3.8}$$

在极限情况下,式(3.8)变为

$$\frac{\mathrm{dHR}(t)}{\mathrm{d}t} = -\lambda(t)\mathrm{HR}(t) \tag{3.9}$$

经过重组式(3.9),得

$$\frac{1}{\mathrm{HR}(t)}\mathrm{dHR}(t) = -\lambda(t)\mathrm{d}t \tag{3.10}$$

对式(3.10)两边同时进行在时间间隔 $[0, t]$ 区间上的积分,得

$$\int_{1}^{\mathrm{HR}(t)} \frac{1}{\mathrm{HR}(t)}\mathrm{dHR}(t) = -\int_{0}^{t}\lambda(t)\mathrm{d}t \tag{3.11}$$

因为当 $t = 0$ 时,$\mathrm{HR}(0) = 1$。

通过评估式(3.11)的左边,得

$$\ln\mathrm{HR}(t) = -\int_{0}^{t}\lambda(t)\mathrm{d}t \tag{3.12}$$

因此,从式(3.12)得

$$\mathrm{HR}(t) = \mathrm{e}^{-\int_{0}^{t}\lambda(t)\mathrm{d}t} \tag{3.13}$$

无论人为失误率是否为常数,式(3.13)都可以用作表达式计算人的可靠性。更准确地,当人为失误在时间上呈统计分布时,如正常分布、伽马分布、指数分布、韦布尔分布和瑞利分布等,这个公式成立。

案例 3.2

假定一名维修人员的人为失误按时间分布遵循威布尔分布,那么他(她)的时间相关失误率可表示为

$$\lambda(t) = \frac{\beta \, t^{\beta-1}}{\theta^{\beta}} \tag{3.14}$$

式中:t 为事件;β 为分布形状参数;θ 为分布尺度参数。求该名维修人员的可靠性表达式。

将式(3.14)代入式(3.13),得

$$
\begin{aligned}
\mathrm{HR}(t) &= \mathrm{e}^{-\int_0^t \left(\frac{\beta t^{\beta-1}}{\theta^\beta}\right)\mathrm{d}t} \\
&= \mathrm{e}^{-\left(\frac{t}{\theta}\right)^\beta}
\end{aligned}
\tag{3.15}
$$

因此式(3.15)为该名维修人员的可靠性表达式。

3.8.2　人的纠错能力表现函数

本函数与人对于自己发生人为失误时的纠正能力有关。该函数定义为当受到任务及周围环境的内在自然压力时,经过时间 t 以后所发生人为失误被纠正的概率[18]。从数学角度看,纠错函数定义为[18,19]

$$
\mathrm{CP}(t) = 1 - \mathrm{e}^{-\int_0^t \alpha(t)\mathrm{d}t}
\tag{3.16}
$$

式中:CP 为在 t 时间内人为失误被纠正的概率;α 为任务被纠正的时间相关率。

值得注意的是,无论任务纠正率是否为常数,式(3.16)都成立。更准确地,对于任务纠错的概率分布,任何时间它都成立。

案例3.3

假定一名维修人员的失误纠错在时间上遵循指数分布,那么他(她)的纠错率定义为

$$
\alpha(t) = \alpha
\tag{3.17}
$$

式中:α 为该名维修人员的固定失误纠正率。求该名维修人员纠错函数的表达式。

将式(3.17)代入式(3.16),得

$$
\begin{aligned}
\mathrm{CP}(t) &= 1 - \mathrm{e}^{-\int_0^t \alpha \mathrm{d}t} \\
&= 1 - \mathrm{e}^{-\alpha t}
\end{aligned}
\tag{3.18}
$$

因此,式(3.18)为该名维修人员纠错函数的表达式。

3.9　人为失误发生的原因、后果、方式以及分类

过去经验表明人为失误的发生有很多原因,其中一些重要原因有缺乏训练、设备设计失败、激励不足、任务复杂、设备操作维护程序记录不够、工作区域光线不足、管理粗放、作业工具不适合、工作环境拥挤、工作布局不好、语音通信糟糕

以及工作场所的高温高噪声[20]。

人为失误的后果可能从很轻微发展到非常严重。例如,从系统表现中无法察觉的延迟发展到严重的伤亡事故。而且,它们可能从一种情况转变为另一种情况,从一个任务变化为另一个任务,或者从设备的一部分转移到另一部分。特别值得一提的是,对于设备来说,人为失误的后果可以分为三类:设备运转完全停止、设备运转延迟严重但是还没有停止、设备运转轻微延迟。

人为失误的发生有很多方式,其中常见的在图 3.2 中列出[21]。

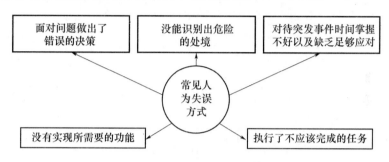

图 3.2　常见人为失误发生方式

工程领域的人为失误可以有多种分类,常见的七类如下[20,22-24]:

- 维修失误;
- 操作员失误;
- 设计失误;
- 装配失误;
- 检查失误;
- 吊运失误;
- 其他失误。

与以上失误有关的有用补充信息可以在文献[20,22-24]中找到。

3.10　人的可靠性和人为失误数据源及定量数据

人的可靠性与人为失误数据在任何人的可靠性/失误预测中都是主要内容。这些资料的通过诸如专家裁判、实验性研究、现地试验、失误自述报告及出版著作[3,25-26]收集。

有许多数据库可以用来获取人的可靠性与失误相关信息[3,26]。这样的数据库有数据仓库[27]、核电站可靠性资料系统[28]、安全运行行动计划(SROA)[29]、喷气发动机常用方法[30]、Bunker – Ramo 数据集合[31]、空军观测与安全中心生命科学事故与意外事件报告系统[32]、飞行安全局报告系统[33]。

对于一些直接或者间接与工程维修相关的特定任务,人的可靠性和失误数据如表 3.2[3] 所列。

表 3.2　面对特定任务时人的可靠性及失误

序号	失误/任务描述	绩效可靠性	每百万次操作失误率
1	将旋转选择开关转动到特定位置	0.9996	—
2	在维修手册中找到维修方法(预定好的)	0.997	—
3	没有将螺母与螺栓拧紧	—	4800
4	错误地读取测量参数	—	5000
5	错误安装 O 形密封圈	—	66700
6	错误地关闭阀门	—	1800
7	错误地连接软管	—	4700
8	没有安装螺钉与螺帽	—	600
9	读取指令时的程序性失误	—	64500
10	机械联动装置的错误调节	—	16700

3.11　问　题

1. 论述人机系统的三大分类。

2. 列出人与设备之间的至少 10 项不同。

3. 什么是人为因素目标的四个主要类型?

4. 列出至少六个典型的人类行为。

5. 假设一名维修人员不得不从 60 英寸(1 英寸 = 25.4mm)的距离阅读仪表,而 28 英寸的观察距离下标准字符的大小为 0.50 英寸。估算在给定观察距离下字符的大小。

6. 对至少五个搜集了与人为因素有关信息的数据源进行讨论。

7. 描述人的绩效表现与压力比较曲线。

8. 什么是人为失误发生的重要原因?

9. 讨论人为失误发生的五个常见方式。

10. 工程领域人为失误的常见类型是什么?

参考文献

［1］ MIL – H – 46855, Human Engineering Requirements far Military Systems, Euiment, and Facilities, Department of Defense, Washinton, D. C. , May 1972.

［2］ Woodson, W. E. , *Human Factors Design Handbook*, McGraw – Hill Book Compment, New York. 1981.

［3］ Dhillon, B. S. , *Human Reliability: With Human Factors*, Pergamon Press, New York, 1986.

［4］ Chapanis. A. , *Human Factors in systems engineering*, John Wiley and Sons, New York, 1982.

［5］ McCormick, E. J. , Sanders, M. S. , *Human Factors in Engineering and Desin*, McGraw – Hill Book Company, New York, 1982.

［6］ Dhillon, B. S. , *Advanced Design Concepts for Engineers*, Technomic Publishing Company, Lancaster, PA, 1998.

［7］ AMCP – 706 – 134, Engineering Design Handbook: Maintainability Guide for Design, Prepared by the United States Army Material Command, Alexandria, VA, 1972.

［8］ Drury, C. G. , Fox, J. G. , Editors, Human Reliability in Quality Control, John Wiley and Sons, New York, 1975.

［9］ Oborne, D. J. , *Ergonomics at Work*, John Wiley and Sons, New York, 1982.

［10］ Dhillon, B. S. , *Engineering Design: A Modern Approach*, Richard D. Irwin Inc. , Chicago, 1996.

［11］ Peters, G. A. , Adams, B. B. , Three Criteria for Readable Panel Markings, *Product Engineering*, Vol. 30, 1959, pp. 375 – 385.

［12］ Beech, H. R. , Burns, L. E. , Sheffield, B. F. , *A Behavioural Approach to the Management of Stress*, John Wiley and Sons, New York, 1982.

［13］ Hagen, E. W. , Human Reliability Analysis, *Nuclear Safety*, Vol. 17, 1976, pp, 315 – 326.

［14］ Meister, D. , Human Factors in Reliability, in *Reliability Handbook*, edited by W. G. , Ireson, McGraw – Hill Book Company, New York, 1966, pp. 400 – 415.

［15］ Dhillon, B. S. , On Human Reliability: Bibliography, *Microelectronics and Reliability*, Vol. 20, 1980, pp. 371 – 373.

［16］ Regulinski, T. L. , Askren, W. B. , Mathematical Modeling of Human Performance Reliability, *Proceedings of the Annual Symposium on Reliability*, 1969, pp. 5 – 11.

［17］ Askern, W. B. , Regulinski, T. L. , Quantifying Human Performance for Reliability Analysis of Systems, *Human Factors*, Vol. 11, 1969, pp. 393 – 396.

［18］ Regufinski, T. L. , Askern, W. B. , Stochastic Modeling of Human Performance Effectiveness Functions, *Proceedings of the Annual Reliability and Maintainability Symposium*, 1972, pp. 407 – 416.

［19］ Dhillon, B. S. , Singh, C. , *Engineering Reliability: New Techniques and Applications*, John Wiley and Sons, New York, 1981.

［20］ Meister, D. , The Problem of Human – Initiated Failures, *Proceedings of the 8th National Symposium on Reliability and Quality Control*, 1962, pp. 234 – 239.

［21］ Hammer, W. , *Product Safety Management and Engineering*, Prentice Hall, Inc. , Englewood Cliffs,

NJ,1980.

[22] Juran,J. M. ,Inspector's Errors in Quality Control,*Mechanical Engineering*,Vol. 57,1935,pp. 643 – 644.

[23] McCormack,R. L. ,Inspection Accuracy:A Study of the Literature,Report No. SCTM 53 – 61(14),Sandia Corporation,Albuquerque,NM,1961.

[24] Meister,D. ,*Human Factors:Theory and Practice*,John Wiley and Sons,New York,1971.

[25] Meister,D. ,Human Reliability,in *Human Factors Review*,edited by F. A. ,Muckler,Human Factors Society,Santa Monica,CA,1984,pp. 13 – 53.

[26] Dhillon,B. S.. Human Error Data Banks,*Microelectrics and Reliabilty*,Vol,30. 1994,pp. 963 – 971.

[27] Munger,S. J. ,Smith,R. W,Payne,D. ,An Index of Electronic Equipment Operability:Data Store,Report No. AIR – C43 – 1/62 RP(1). American Institute for Research,Pittsburgh. PA,1962.

[28] Reporting Procedures Manual for the Nuclear Plant Reliability Data System(NPRDS),South – West Research Institute. San Antonio,TX,December 1980.

[29] Topmiller,D. A. ,Eckel,J. S. ,Kozinsky,E. J. ,Human Reliability Data Bank for Nuclear Power Plant Operations:A Review of Existing Human Reliability Data Banks. Report No. NUREG/CR2744/i,United States Nuclear Regulatory Commission,Washington. D. C. 1982.

[30] Irwin,I. S. ,Levitz,J. J. ,Freed,A. M. ,Human Reliability in the Performance of Maintenance,Report No. LRP317/TDR – 63 – 218,Aerojet General Corporation. Sacramento,CA,1964.

[31] Hornyak. S. J. ,Effectiveness of Display Subsystems Measurement Prediction Techniques,Report No. TR – 67 – 292,Rome Air Development Center(RADC). Griffis,Air Force Base. Rome,New York,September 1967.

[32] Life Sciences Accident and Incident Classification Elements and Factors,AFISC Operating Instruction No. AFISCM 127 – 6. United States Air Force,Washington D. C. ,December 1971.

[33] Aviation Safety Reporting Program,FAA Advisory Circular No. 00 – 46B,Federal Aviation Administration (FAA),Washington,D. C. ,June 15,1979.

第 4 章　工程维修中实现人的可靠性与
人为失误分析的方法

4.1　引　言

如今质量、人为因素、安全和可靠性是被广泛认可的基本原则。多年来,在本领域许多新的概念与方法被开发出来。在许多不同的领域中许多方法都得到成功的应用,包括工程设计、生产、维修、管理及卫生保健。其中有两个重要的案例分别是失败模式和效应分析(FEMA)和故障树分析(FTA)。

20 世纪 50 年代早期,美国国防部为了对工程系统的可靠性方向进行分析而开发了 FEMA。如今,FEMA 在诸如管理及卫生保健等多个领域都得到了深入应用[1-3]。FTA 在 60 年代早期由贝尔实验室提出,用来实现民兵发射控制系统的安全和可靠性分析[3-5]。因为这个方法相比其他可靠性和安全性分析方法在复杂系统的细节真实度上的适应能力较强,所以它很快就赢得了支持。现在 FTA 已经在工业部门得到广泛应用,以分析从管理到技术相关故障事件。

本章将介绍一些在工程维修中对实现人的可靠性和人为失误分析有用的方法,这些方法是从质量、人为因素、安全和可靠性领域的公开出版物中精选出来的。

4.2　失效模式和效应分析

FEMA 可以简单地描述为广泛用于分析各个潜在故障模式的有效方法,并能够确定在整体系统中这些故障模式所对应的效果。当使用 FMEA 根据故障严重程度来对每个潜在的效应进行进一步的分类时,它被称为故障模式效应及危险程度分析(FMECA)[7]。

FEMA 的历史可以追溯到 20 世纪 50 年代早期,当时美国海军航空署在飞行控制系统的设计开发工作中使用了它[1,8]。实现 FMEA 的主要步骤如下[7]。

第一步:建立系统定义。这一步是将系统分解为主要模块并定义每个模块功能。此外还要定义各个模块之间的接口。

第二步:制定适当的程序规则。这一步主要是对 FMEA 的程序准则进行明确的叙述。其中一些准则包括对操作压力、主次任务目标描述、任务阶段描述、环境压力限制级及程度状态分析的限制。

第三步:对系统及相关功能模块进行描述。这一步主要是准备对被研究系统的描述说明。描述说明通常由以下两部分组成:

• 体系方框图。使用图形化的方框图表示了待分析的系统元素、系统输入和输出、系统组件/部件之间的从属关系和冗余关系、系统组件的输入和输出。

• 功能状态。为了研究系统整体及各个子系统和部件,对每个组成部分的各个操作模式与阶段制定状态清单。状态细节的真实度依赖于诸如待考察组成部分的应用情况与实现功能的唯一性等因素。

第四步:识别可能的故障模式及其效应。这一步主要是对故障模式及其效应进行系统性识别。通常会最终形成一张设计良好的工作图或者表格。工作图包含的数据从不同的领域里收集,数据内容包括项目标识与功能、故障模式与原因、故障探测方法、系统级/人员级/任务级/子系统级故障效应及关键程度类型。

第五步:编选关键组件列表。这一步主要对关键项的列表进行研究,提供有用的输入来响应管理决策。列表包括组件标识、组件故障模式的简要说明、危险程度类型、FMEA 工作图页码、损耗效应程度及保留理由。

第六步:记录分析。这是最后一步,主要是分析内容的记录归档工作。最终文档包括诸如系统定义与描述、FMEA 程序准则、故障模式及效应以及关键项目录等项目。

FMEA 的一些重要特征如下:

• 经过对各部分的故障效果评估,整个系统就完全被检查了。

• 它极大地改进了个体之间的信息交互,这些个体都与设计接口行为有关。

• 它是一种常规的基于细节层次的自下向上的方法。

• 它突出了系统设计中的弱点,并且能够鉴别出需要进行详细分析的地方。

本方法相关的补充信息可在文献[3,9]中找到。

4.3　人机系统分析

人机系统分析方法可能是在系统中为把人为失误导致的意外效果降低到可接受的程度的第一个方法,早在20世纪50年代早期,美国俄亥州怀特帕特森空军基地就得到了应用与发展。该方法由以下步骤组成[10]。

第一步:定义系统目标及相关功能。

第二步:定义所有情况特征;更准确的说是人与他们的任务紧密连接的情况下的绩效形成因素。这些因素有空气质量、照明条件与组合行动。

第三步:定义相关个体的特征(如经验、技能、训练及动机)。

第四步:定义所有相关个体执行的任务。

第五步:研究识别潜在的可能失误状况及其他有关难题。

第六步:对每个潜在人为失误事件进行评估得到其发生概率及其他信息。

第七步:对每个潜在失误进行评估得到其未能监测到与其未能修正的概率。

第八步:如果潜在人为失误没有被发现,确定其后果类型。

第九步:为所需的改进提供必要的建议。

第十步:经过适当的考察可通过重复上述步骤对每个改进进行重新评估。

该方法的补充信息可在文献[10]中找到。

4.4　根本原因分析

根本原因分析(RCA)可以描述为一种系统研究方法,使用在评估事故过程中收集到的数据来确定导致事故发生的缺陷的潜在原因。按照文献[12]所述,RCA是美国能源部门原创提出的。

RCA以描绘导致事故的事件序列开始。从有害事件本身开始,事件分析员通过记录与调查所有重要的事件在时间上对他(她)的任务进行追溯。收集这样的数据对分析员来说非常重要,可以避免其做出任何不成熟的判断、责备及归咎,相反可以将主要精力花费在专门关注与事故相关的事实上来。

因此,如果对引发事件的行为进行清楚的定义,将有助于调查组成员有把握问出这样的问题:为什么这件事会发生[13]?

执行 RCA 的常见步骤如图 4.1 所示[14]。RCA 的补充信息可在文献[14，15]中找到。

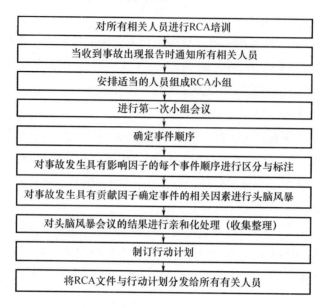

图 4.1　实施 RCA 方法的一般步骤

4.5　失误—原因消除程序

该方法专门用来减少在生产作业过程中发生的人为失误。该方法的重点是预防措施而不仅仅是补救措施。尽管如此,失误—原因消除程序(ECRP)可能被简单地描述为由生产工作者参与的旨在减少人为失误发生的程序。

参与到这个程序中的工作人员包括装配人员、机械师、检查人员、维修工等[16]。所有的工作人员都被分到不同的班组里,每个班组都有自己的调度员。班组的最大规模为 12 个人。在工作人员提交失误报告及类似失误的报告期间,班组定期开会。班组的建议将被提交给管理人员来作为失误补救或者失误预防措施。通常,班组与管理人员有各种专业人员协助,包括人为因素专家。

ECRP 的基本元素如下[16,17]。

●工人报告并确认失误与可能出现失误的情况,设计并提交相关解决方案来根除失误原因。

●人为因素及其他专家从成本角度评估设计和提交的解决方案。

●所有与 ECRP 相关的人员都经过有效培训。

● 管理人员使用所有设计和提交的方案中最有前景的方案,并通过适当方式认可生产工人的努力。

● 每名工作人员和班组调度员都在数据收集与分析方法上经过适当培训。

● 在生产过程中做出的改变,其效果经过人为因素及其他专家使用 ECRP 输入进行评估。

ECRP 的补充信息在文献[6,17]中可以找到。

4.6 原因—效果图

原因—效果图(CAED)是由一个名叫石川(K. Ishikawa)的日本人在 20 世纪 50 年代初期提出的。

有时 CAED 也被称为 Ishikawa 图或者鱼骨图,因为如图 4.2 所示它跟鱼的骨骼很相似。图中的最右一侧(即方框或者鱼头)表示效果,而左边一侧表示所有可能的原因,二者被中间像“鱼脊柱”一样的线连接起来。

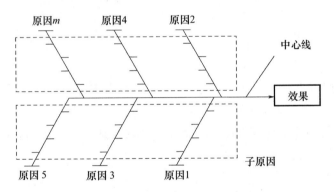

图 4.2　表示 m 个原因的原因—效果图

在维护工作,CAED 可以作为有价值的工具对给定的人为失误相关问题提供帮助,使其确定失误发生的根本原因。

CAED 在使用时主要采用以下步骤[18,19]。

步骤 1:展开问题状态。

步骤 2:使用头脑风暴来寻找所有可能的原因。

步骤 3:通过将原因按自然分组与按工序分步骤,划分其主要分类。

步骤 4:对所有找出的原因通过后续的适当步骤连接起来绘制图表,并在最右侧的图文框里填入问题或者效果。

步骤 5：通过回答以下问题对主要原因类型进行推敲：

- 是什么导致现状？
- 这种状况存在的现实理由是什么？

CAED 的主要好处在于它是一个有价值的工具，有利于扩展思路、创造想法，有利于识别根本原因，有利于对更深入的调查进行指导，以及能够作为描述次序处理理论的工具。CAED 的相关补充信息可在文献[18,19]中找到。

4.7 概率树方法

概率树方法常通过图表法来表现重要的人员行动及其他相关事件并实现任务分析。该方法更常用于人为失误率预测技术方面的任务分析（THERP）[20]。在这个方法里，概率树的分支表示了图表形式的任务分析。更准确地，树分出的主干表示了每个事件的结果（即成功或者失败），每个分支都被分配了适当的发生概率。

该方法的有益之处如下[20]。

- 有用的可视化工具；
- 简化的数学计算。
- 将诸如相互作用效应、情绪压力和交互应力等因素进行合并（可做些调整）过程中保持良好的灵活性。

该方法的相关信息在文献[17,20]中可以找到。以下示例表明该方法的应用。

案例 4.1

一名维修人员执行了三个独立的任务：x、y、z。任务 x 在任务 y 之前执行，任务 y 则先于任务 z。这三个任务中的任意一个都可能执行正确或者错误。描绘概率树并得出该名维修人员未能成功完成整个任务计划的概率表达式。另外计算出当执行任务 x、y、z 的成功概率分别为 0.8，0.9，0.95 时，该名维修人员未能成功完成整个任务计划的概率。

在这个案例中，该名维修人员执行任务 x 不论正确与否，然后执行任务 y。任务 y 也可能执行得正确或者错误。紧接着，该名维修人员要执行任务 z。这个任务也可能被维修人员执行得正确或者错误。整体情况如图 4.3 所描述。

图 4.3 中使用的符号定义如下。

x 表示任务 x 成功执行的事件。

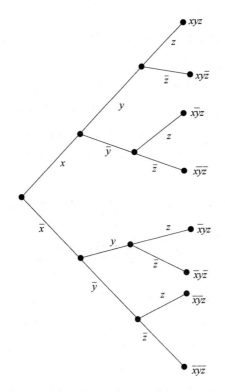

图 4.3　维修人员执行任务 x、y、z 的概率树

y 表示任务 y 被成功执行。

z 表示任务 z 被成功执行。

$\bar{x}$ 表示任务 x 执行得不正确。

$\bar{y}$ 表示任务 y 执行得不正确。

$\bar{z}$ 表示任务 z 执行得不正确。

通过检查图表,可以得出该名维修人员没有成功完成整个任务计划的七种可能($xy\bar{z}$,$x\bar{y}z$,$x\bar{y}\bar{z}$,$\bar{x}yz$,$\bar{x}y\bar{z}$,$\bar{x}\bar{y}z$,$\bar{x}\bar{y}\bar{z}$)。因此该名维修人员没有成功完成整个任务计划的概率可以表示为

$$P_{ns} = P(xy\bar{z} + x\bar{y}z + x\bar{y}\bar{z} + \bar{x}yz + \bar{x}y\bar{z} + \bar{x}\bar{y}z + \bar{x}\bar{y}\bar{z})$$

$$= P_x P_y P_{\bar{z}} + P_x P_{\bar{y}} P_z + P_x P_{\bar{y}} P_{\bar{z}} + P_{\bar{x}} P_y P_z + P_x P_y P_z + P_x P_y P_z + P_x P_y P_z \quad (4.1)$$

式中:P_{ns} 为该名维修人员未能成功完成整个任务计划的概率;P_x 为该名维修人员成功完成任务 x 的概率;P_y 为该名维修人员成功完成任务 y 的概率;P_z 为该名维修人员成功完成任务 z 的概率;$P_{\bar{x}}$ 为该名维修人员完成任务 x 不正确的概率;$P_{\bar{y}}$ 为该名维修人员完成任务 y 不正确的概率;$P_{\bar{z}}$ 为该名维修人员完成任务 z 不

正确的概率。

因为 $P_{\bar{x}} = 1 - P_x, P_{\bar{y}} = 1 - P_y,$ 以及 $P_{\bar{z}} = 1 - P_z, P_{\bar{x}} = 1 - P_x, P_{\bar{y}}, = 1 - P_y, P_{\bar{z}} = 1P_z,$ 将已知数值代入式(4.1),得到

$$P_{ns} = 0.8 \times 0.9 \times (1 - 0.95) + (1 - 0.8) \times 0.9 \times 0.95 + (1 - 0.8) \times 0.9$$
$$\times (1 - 0.95) + (1 - 0.8) \times (1 - 0.9) \times 0.95 + 0.8 \times (1 - 0.9) \times 0.95$$
$$+ 0.8 \times (1 - 0.9) \times (1 - 0.95) + (1 - 0.8) \times (1 - 0.9) \times (1 - 0.95)$$
$$= 0.036 + 0.17 + 0.009 + 0.019 + 0.076 + 0.004$$
$$= 0.316$$

因此,该名维修人员未能成功执行整个任务计划的概率为0.316。

4.8 故障树分析

在可靠性与安全方面的设计和开发阶段,工业部门将故障树分析(FTA)方法作为评估工程系统的常用方法。该方法在20世纪60年代早期由贝尔实验室里的 H. A. Watson 提出并用来实现民兵导弹发射控制系统的可靠性与安全性分析[4,5]。

故障树可以简单描述为一种基本事件之间的逻辑关系,这些基本事件导致了"顶事件"的意外事件,并且使用带有逻辑门的树形结构来表示,如与门和或门。

4.8.1 故障树符号

有许多符号常用来构造工程系统的故障树,其中有四个符号如图4.4所示。

与门意味着只有当所有输入的故障事件都发生时,输出的故障事件才发生。或门意味着至少有一个输入的故障事件发生,则输出的故障事件就发生。矩形表示由基本故障事件的逻辑组合导致的故障事件,这些基本故障事件通过诸如与门和或门的逻辑门输入产生。

最后,圆形表示基本部件的故障事件或者基本故障事件。故障事件发生的概率、故障率及修复率可以从经验资料中获得。故障树符号的详细一览表可在文献[21]中找到。

4.8.2 实施故障树分析的步骤

通常实施故障树分析的七个步骤如图4.5所示[22]。

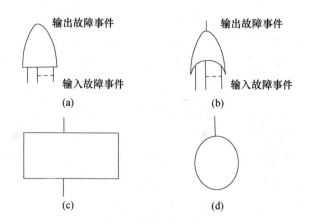

图4.4　四类常用故障树符号

（a）与门；（b）或门；（c）矩形；（d）圆形。

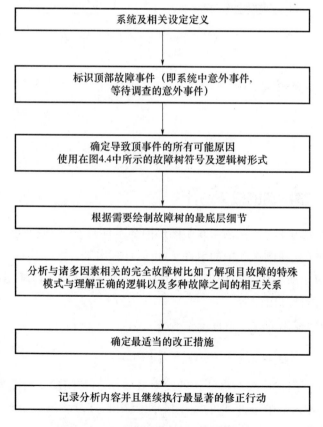

图4.5　执行故障树分析的步骤（FTA）

案例 4.2

一名维修人员完成了一项详细的研究任务,并得出结论。他(她)基于五个因素会产生失误:缺乏培训、工具不够、缺乏指导、环境不好,或者粗心大意。环境不好有两类主要原因分别是照明不足或者噪声太大。相似地,缺乏指导的两个主要原因分别为口头指导不足或者维护程序撰写不好。对顶事件"维修人员失误"使用如图4.4所示的故障树符号来描绘其故障树。

该例中的故障树如图4.6所示。图中的单个大写字母表示相应的故障事件(如 M:环境不好,N:缺乏指导,A:照明不够)。

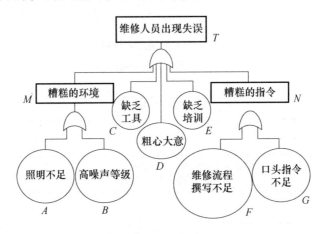

图4.6 案例4.1中的故障树

4.8.3 故障树的概率估计

当基本故障事件(如在图4.6中圆形内的事件)发生的概率已给定时,顶事件的发生概率(如在图4.6中的事件 T)可以计算出来。

首先计算出所有底部与中间层的逻辑门(如与门和或门)输出故障事件的发生概率,才能计算出前者。

因此,与门输出的故障事件发生概率[3]为

$$P(A) = \prod_{i=1}^{n} P(A_i)$$
(4.2)

式中: $P(A)$ 为与门输出故障事件 A 的发生概率;n 为与门输入故障事件的个数;$P(A_i)$ 为与门输入故障事件 A_i 的发生概率,其中 $i = 1, 2, 3, n$。

同样地,或门输出的故障事件发生概率由式(4.3)给出。

$$P(B) = 1 - \prod_{i=1}^{k} \{1 - P(B_i)\}$$
(4.3)

式中:$P(B)$为或门输出故障事件的发生概率;k 为或门输入故障事件的个数;$P(B)$为或门输入故障事件B_i的发生概率,其中 $i = 1,2,3,k$。

案例 4.3

假定在图 4.6 中的事件 A、B、C、D、E、F、G 的发生概率分别为 0.03、0.04、0.05、0.07、0.08 与 0.09。计算顶事件 T(维修人员出现失误)的发生概率。将事件 A 与 B 的出现概率值代入式(4.3),事件 M(即 环境不好)的出现概率为

$$P(M) = 1 - (1 - 0.03) \times (1 - 0.04)$$
$$= 0.0688$$

同样地,将给定的事件 F 与 G 出现的概率值代入式(4.3),事件 N 的发生概率(即缺乏指导)为

$$P(N) = 1 - (1 - 0.08) \times (1 - 0.09)$$
$$= 0.1628$$

通过将以上计算所得的两个数值与给定数值代入式(4.3),得

$$P(T) = 1 - (1 - 0.0688) \times (1 - 0.05) \times (1 - 0.06) \times (1 - 0.1628)$$
$$= 0.6474$$

因此,顶事件 T(维修人员出现失误)的概率为 0.4674。

4.9　马尔可夫方法

马尔可夫方法是在工业部门广泛应用的方法,它主要用来实现各种类型的可靠性相关研究。该方法由俄罗斯数学家安德烈·安德耶维齐·马尔可夫(Andrei Andreyevich Markov,1856—1922)的名字命名。该方法对实现人的可靠性与失误分析非常有帮助[17]。以下假设与该方法有关[22]。

- 所有的事件都彼此独立。
- 在有限时间间隔 Δt 内从一种状态转变为另一种状态的概率给定为 $\alpha\Delta t$,此处 α 为从一种状态转变到另一种状态的跃迁率常数(即人为失误率常数)。

有限时间间隔 Δt 内的两个或更多事件从一种状态到另一种状态的跃迁概率可以忽略(如$(\alpha\Delta t)(\alpha\Delta t)\rightarrow 0$)。

接下来的案例说明了马尔可夫方法在工程维修中进行人的可靠性和失误分析的应用。

案例 4.4

一名维修人员在执行一项用于核能发电系统的维修任务。他出现失误的概

率为常数 α。

图 4.7 所示的状态空间更详细地描述了该方案。圆圈和方框内的数字表示系统的状态。使用马尔科夫方法列出维修人员在时间 t 内的可靠性与不可靠性以及人为失误平均时间的表达式。

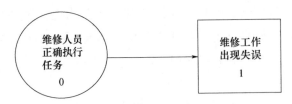

图 4.7 维修人员的状态空间

使用马尔可夫方法,对照图 4.7 写下如下等式[17,22]:

$$P_0(t + \Delta t) = P_0(t)(1 - \alpha\Delta t) \tag{4.4}$$

$$P_1(t + \Delta t) = P_1(t) + P_0(t)(\alpha\Delta t) \tag{4.5}$$

式中: t 为时间; α 为该名维修人员的固定失误率; $\alpha\Delta t$ 为在有限时间间隔内该名维修人员的人为失误概率; $(1 - \alpha\Delta t)$ 为在有限时间间隔 Δt 内该名维修人员不发生人为失误的概率; i 为该名维修人员第 i 个状态, $i = 0$ 表示该名维修人员正常执行任务, $i = 1$ 表示该名维修人员已经出现失误; $P_i(t)$ 为该名维修人员在状态 i 下时间 t 时的概率,当 $i = 0, 1$ 时; $P_i(t + \Delta t)$ 为维修人员在时间 $(t + \Delta t)$ 时状态 i 下的概率,当 $i = 0, 1$ 时。

经过重排式(4.4)和式(4.5),取当时的极限,得

$$\lim_{\Delta t \to 0} \frac{P_0(t + \Delta t) - P_0(t)}{\Delta t} = -\alpha P_0(t) \tag{4.6}$$

$$\lim_{\Delta t \to 0} \frac{P_1(t + \Delta t) - P_1(t)}{\Delta t} = -\alpha P_1(t) \tag{4.7}$$

因此,从式(4.6)和式(4.7),得

$$\frac{dP_0(t)}{dt} + \alpha P_0(t) = 0 \tag{4.8}$$

$$\frac{dP_1(t)}{dt} + \alpha P_0(t) = 0 \tag{4.9}$$

当时间 $t = 0$ 时, $P_0(0) = 1$, $P_1(0) = 0$。解式(4.8)和式(4.9),得

$$P_0(t) = e^{-\alpha t} \tag{4.10}$$

$$P_1(t) = 1 - e^{-\alpha t} \tag{4.11}$$

因此,该名维修人员的可靠性和不可靠性表达式为

$$R_{mw}(t) = P_0(t) = e^{-\alpha t} \tag{4.12}$$

以及

$$UR_{mw}(t) = P_1(t) = 1 - e^{-\alpha t} \tag{4.13}$$

式中：$R_{mw}(t)$ 为该名维修人员在时间 t 时的可靠性；$UR_{mw}(t)$ 为该名维修人员在时间 t 时的不可靠性。

该名维修人员的人为失误平均时间为[17]

$$
\begin{aligned}
MTTHE_{mw} &= \int_0^\infty R_{wm}(t)\,dt \\
&= \int_0^\infty e^{-\alpha t}\,dt \\
&= \frac{1}{\alpha}
\end{aligned} \tag{4.14}
$$

式中：$MTTHE_{mw}$ 为维修人员的人为失误平均时间。

因此该名维修人员在时间 t 内的可靠性与不可靠性表达式和人为失误平均时间表达式分别由式(4.12)~式(4.14)给出。

案例 4.5

一名维修人员的固定失误率为 0.0009 失误/h，计算他在持续 8h 的任务里不可靠性以及人为失误平均时间。

将确定的数据代入式(4.13)和式(4.14)，得

$$UR_{mw}(8) = 1 - e^{-0.0009 \times 8}$$

以及

$$MTTHE_{mw} = \frac{1}{0.0009}$$

$$= 1111.1(h)$$

因此，该名维修人员的不可靠性和人为失误平均时间分别为 0.0072h 和 1111.1h。

4.10　问　　题

1. 说出至少三个失败模式和效应分析的重要特征。

2. 描述人机系统分析。

3. 比较失败模式和效应分析与根本原因分析。

4. 失误—原因排除程序的基本元素是什么？

5. 描述原因效果图表。它的好处主要是什么?

6. 一名维修人员执行两项独立的任务 C 和 D。任务 C 先于任务 D 执行,这两个任务每个都可能被错误执行。绘制概率树并给出该名维修人员没有成功完成全部任务的概率表达式。

7. 故障树分析的主要步骤是什么?

8. 解释以下两个名词:

- 与门;

- 或门。

9. 与马尔可夫方法有关的假设是什么?

10. 使用式(4. 8)和式(4. 9)证明式(4. 10)和式(4. 11)。

参考文献

[1] Continho,J. S. ,Failure Effect Analysis,Transactions of the New York Academy of Sciences,Vol. 26. Series II,1963—1964,pp. 564 – 584.

[2] MIL – F18372(Aer.),General Specification for Design,Installation,and Test of Aircraft Flight Control Systems,Bureau of Naval Weapons,Department of the Nary,Washington,D. C. ,Paragraph 3. 5. 23.

[3] Dhillon,B. S. ,Design Rehabdty:Fundamentals and Applicarions,CRC Press,Boca RatonFL. ,1999.

[4] Benretts, R. G. , On the Analysis of Fault Trees. IEEE Transactions on Reliability, Vol. 24, No. 3, 1975, pp. 175 – 185.

[5] Dhillon,B. S. ,Singh,C. ,Bibliography of Literature on Fault Tees,Microewtronlcs and Reliability,VoL 17, 1978,pp. 501 – 503.

[6] Omdahl,T. P. ,Editor Reliability, Availability, and Maintainability(RAM)Dictionary, American Society for Quality Control(ASQC)Press,Miwaukee,Wl,1988.

[7] Jordan,W. E. ,Failure Modes,Effects and Criticality Analysis,Proceedings of the Annual Reliability and Mainwinability Symposium,1972,pp. 30 – 37.

[8] Arnzen,H. E. ,Failure Modes and Effect Analysis:A Powerful Engineering Tool for Component and System Optimization,Report No. 347 – 40 – 00 – 00 – K4 – 05(C5776),GIDEP Operations Center, United States Navy,Corona,CA,1966.

[9] Palady,P. ,Failure Modes and Effect Anatysis,PT Publications,West Palm Beach,FL,1995.

[10] Miller,R. B. ,A Method for Man – Machine Task Analysis,Report No. 53 – 137,Wright ALT Development Centtr Weight – Patterson Air Force Base,U. S. Air Force(USAF),Ohio,1953.

[11] Lation,R. J. ,Automating Root Cause Analysis,in Error Reduction in Health Care,edited by P. L. Spath, John Wilcy and Sons,New York,2000,up. 155 – 164.

[12] Busse,D. K. ,Wright,D. J. ,Classification and Analysis of Incidents in Complex,Medical Environmnments,

Report,2000. Available from the Intensive Care Unit,Western General Hospital,Edinburgh,UK.

[13] Feldman,S. E. ,Rohlin,D. W. ,Accident Investigation and Aoticipatog Failure Anadysis in Hospitals,in Eirror Reduction in Health Care,edited by P. L. Spath,John Wiley and Sons,New York. 2000,pp. 134 – 154.

[14] Burke,A. ,Rook Cause Analysis,Repornt,2002. Available from the Wild Iris Medical Education,P. O. Box 257. Comptche,CA.

[15] Wald,H. ,Shojania,K. G. ,Rout Cause Analysis,in Making Health Care Safer: A Critical Analysis of Patlenr Safety Practices. edited by A. J. Markowitz Report NO. 43,Agency for Health Care Research and Quality, US Department of Health and Human ServicesRockville MD. 2001,Chapter 5. pp. 1 – 7.

[16] Swain,A. D. ,An Error – Cause Removal Program four Industry,Human Focrors,Vol,12. ,1973,pp. 207 – 221.

[17] Dhillon,B. S. ,Human Reliability:With Human Farrurs,Pergsmon PRESS,NewYork,1986.

[18] lshikawa,K. ,Guide to Quality Control,Asian Productivity Organization. Tokyo,1982.

[19] Mears,P. ,Quatiry Improvement Toots and Techniques,McGraw – Hill,Mew York,1995.

[20] Swain,A. D. ,A Method for Performing a Human – Pactors Reliability Analysis. Report No. SCR – 685,Sandia Corporation,Albuquerque,NM,August 1963.

[21] Dhillon,B. S. ,Singh,C. ,Engineering Reliability: New Technique and Applications,John Wiley and Sons New York 1991.

[22] Shooman,M. L. ,Probabilistic Reliability: An Engineering Approach,McGraw – Hill Book Company,New York,1968.

第5章　维修中的人为失误

5.1　引　言

在系统与设备的设计、生产、运行及维护阶段,工作人员扮演了关键的角色。虽然在每个阶段他们的职责不尽相同,但是由于人为失误导致他们之间的相互配合受到干扰与影响。人为失误可仅仅称为将给定任务执行失败(或者执行了被禁止的行为),而这些行为会导致运行计划中断或者对装备和财产的损害。

在维修活动中,人为失误的发生能够通过不同的方式来妨害设备的性能和安全。比如缺乏维修会在与日俱增的设备事故中成为工具性的因素,这些装备事故依次大大增加了与设备故障有关的风险与人身意外的发生[4]。维修失误基本上是由于错误的预防性行为或者错误的修理。由于越来越频繁地维修,随着系统与设备的年份寿命增加,维修失误也会越来越频繁地出现。

本章介绍了在维修中人为失误的各个重要方面。

5.2　事实、数值与案例

与维修中人为失误直接或者间接有关的事实、数值与案例罗列如下。

● 维修工作开始后有超过50%的装备会提前发生故障[5]。

● 一项电子设备的研究报告指出,大约30%的故障是由操作与维修失误造成[6]。

● 在1988年英国的克拉铂姆交汇站(Clapham Junction)列车事故中,在接线上的错误导致30人死亡与69人重伤[7]。

● 在1989年得克萨斯帕萨迪纳(Pasadena)的休斯顿化工总厂(Houston Chemical Complex)的飞利浦66(Phillips 66)工厂爆炸事故就是由维修失误导致的[8]。

● 在1993年一项关于122件与维修相关事件的研究中,维修失误被分为四类:安装错误(30%)、遗漏(56%)、错误的部件(8%)以及其他(6%)[9,10]。

* 在一项与北海埃科菲斯克(Ekofisk)油田的喷油防护设备(阀门装配)有关的事故研究中,研究报告指出设备被颠倒安装导致了事故发生。整个事故造成的损失大约为5000万美元[11]。

* 在一项关于维修任务的研究中,包括诸如拆除、调整以及校准等维修任务,研究报告指出人的可靠性平均值为 0.9871[12]。这意味着管理者应该在每1000次维修活动中预计有 13 次会出现人为失误[11]。

* 在一项关于在导弹操作中维修失误的研究中,研究报告指出维修失误的一系列原因有安装错误(28%)、表盘与控制面板误读或未调准(38%)、螺母与零件松动(14%)、不可达性(30%),以及其他(17%)[11,13]。

5.3　在设备全寿命周期内人为失误的发生以及维修人员时间要素

在系统与设备全寿命周期内(即从接收系统与设备时起作为它开始逐步被淘汰的时间起点)维修失误的发生是一个重要因素。在系统与设备全寿命周期内人为失误事件的大概故障如图 5.1 所示[11,14]。

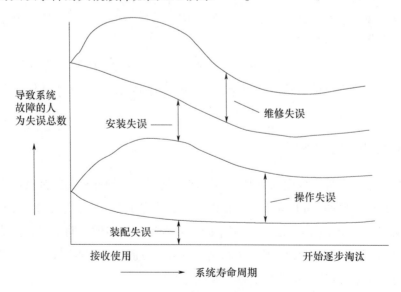

图5.1　系统寿命周期与四类导致系统故障的人为失误的比较

在执行各种维修任务时,维修人员对时间消耗的良好理解有助于对所发生维修失误的分析。在过去数年里进行的各种研究表明大部分时间花费在故障诊断上。然而,根据一项研究[11],电子设备商的维修人员时间可以分为以下三类:诊断、补救措施以及检验。

这三类时间上对应的故障百分比如下[11]。

- 诊断:65% ~ 75%;
- 补救措施:15% ~ 25%;
- 检验:5% ~ 15%。

5.4　维修失误产生的环境与原因

当维修人员直接操作设备时,设备的安装地点以及它的设计特点直接限定了维修人员工作环境的诸多参数。维修环境容易受诸如噪声、照明不足与温度变化等因素的影响。这三个因素分别描述如下[15]。

5.4.1　噪声

当声响不经过适当的控制时,维修环境有可能非常嘈杂。从正在进行的活动发出的环境噪声能够对维修人员的任务造成干扰。更确切地说,声响可以转移维修人员的注意力,干扰他们的维修工作。特别响的声音还可能限制维修人员的交谈或者听取指示的能力。

最后,尽管维修人员可以戴上防护装置在一定程度上限制不利的噪声影响,但是这些装置也可能对他们完成所分配的任务造成干扰,比如当他们感到不舒服时、动作受限时或者妨碍彼此交谈时。

5.4.2　照明不足

光照不足事件的发生通常是因为维修人员所依赖的外界光照被设计用来对常规工作区域照明,而非维修人员真正操作的特定工作区。更准确地,与照明相关的缺陷存在于密闭空间或者有限空间再或者把顶灯当做照明主光源的地方。

最后,维修人员可以使用移动式照明设备来克服这些问题。但是,如果操作中没有空闲手,维修人员工作效率将会受到影响。

5.4.3　温度变化

由于在户外环境或者在不能完全进行温度控制的环境中经常执行任务,维修人员可能曝露在宽温变化的区域内。过去经验表明,维修人员和一般工作人员在一个相对较窄的温度区域内工作会有效率。

而且,有些研究[15-18]指出,当温度变化超出较窄的范围时(即 15℃/60℉ ~ 30℃/90℉),它就变成了影响个体人员工作表现的一种压力。在过去数年里,各种研究对维修失误发生的多种原因进行了辨析,其中一些重要的原因如图 5.2 所示[11,13,19]。特别是关于培训与实践的问题,一项维修人员的研究指出在培训与实践中排名靠前的人员具备诸如较好适应性、对工作团队满意度较高、较高的士气以及较好的情绪稳定性等特征[11,12]。

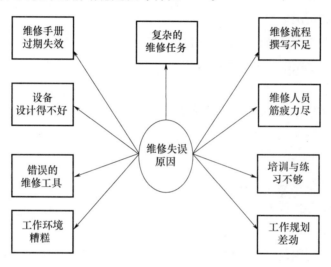

图 5.2　维修失误发生的原因

5.5　维修失误的类型以及典型的维修失误事件

维修失误有六个基本类型[5]:辨别错误、记忆错误、技术引起的失误、知识造成的错误、规则引起的失误以及违规失误。

辨别失误包括诸如没有监测到问题的状态,错误辨别对象、信号与信息等情况。记忆失误包括诸如输入错误(即对需要记忆的对象缺乏足够的注意力)、存储错误(即记忆力退化或者(记忆力衰退或者遭到干扰)、过早退出(即在完成所有必需的动作前提前结束一项工作),以及中断之后出现遗漏(即重新加入一系列的行动并且遗漏了一些必要的步骤)。

熟练引起的失误通常与"自动装置"的例行程序有关,包括分支错误与行动过度错误。基于知识的失误通常发生在维修人员第一次执行非常规任务时。基于规则的失误与良好规则的错误应用有关(即将规则应用到不合适的场合)以及使用错误的规则(即规则可能在一定条件下完成工作或任务,但是它可能会导致很多种后果)。最后,违规失误是指故意地违反程序的行为。这些行为包括寻求刺激违规(即频繁出现这样的错误仅仅是为了避免厌倦或者赢得同伴的称赞)、例行程序违规(出现这样的错误是为了避免不必要的付出、更快捷地完成工作或任务、证明工作熟练或者避免那些被认为是不必要的冗长的程序或处理步骤),以及情境违规(这样的错误通常发生在如果严格执行限定程序则工作不可能完成的情况下)。

以上六种类型的维修失误相关信息可在文献[5]中找到。

工业部门总结的一些典型的维修失误如下[20]。

- 零件装反。
- 使用了错误的油脂、润滑剂或者用液。
- 安装了错误的零件。
- 没有遵守特定的程序与指令。
- 没有调整检查或者校准。
- 遗漏了部件或者零件。
- 没有正确地关闭或者封存。
- 由于时间限制、优先级或者工作量等因素导致没有按照问题指示动作。
- 加润滑剂失败。
- 由于轮班导致任务没有正确完成的失误。

5.6　常见维修性设计失误及为减少设备维修失误的有用设计改善准则

过去经验表明,在设备设计阶段发生的失误会对设备维修阶段造成有害影响,直接或者间接地导致维修失误的发生。一些常见维修性设计失误如下[21,22]。

- 设备没有提供足够而且可靠的机内测试。
- 将可靠性差的零件安装在其他零件下面。
- 将可调螺钉安装在发热部件或者无保护供电终端附近。
- 维修人员没有足够的空间能够把手伸进部件来进行必要的修正。

- 遗漏了必需的把手以及将调节装置放到手臂够不到的地方。

- 将可调螺钉放到维修人员难以发现的地方。

- 使用带有多个小螺钉的检查口与将开螺丝用的修理工具放到模块下面。

为减少装备维修失误有许多有用的设计改进方案,其中一些重要的准则罗列如下[20]。

- 使用操作互锁装置,使得如果子系统被错误装配或者安装则不能够启动。

- 简化错误检测的设计以及改进报警设备、显示装置和指示器以减少人为决策。

- 通过提供适当的机内测试能力、清楚的故障方位指示以及标明测试点与测试程序来提升设计的故障隔离能力。

- 通过提供适当的箭头记号来指示流向、正确的油液/润滑剂类型以及正确的液压压力来减少人为臆测的决策方针。

- 零件只能被正确安装且提供了正确的装配插头以及其他能够将零件或者组件锁紧或者打开的装置,以这种方式设计的接口能够改善零件与装备的对接。

5.7　维护工作指令

多年来各种研究表明,在维修领域内有超过 50% 的人为因素问题与疏忽大意有关。因此对工作指令的发展与使用进行有效维护非常必要,有利于管理这些类型的失误。好的维修工作指令的特征如下[5]。

- 这些指令关注可能妨碍任务或工作安全或者可能妨碍任务和工作以规定质量标准实施的风险。

- 这些指令具体体现为在说明书中重要的点上进行充分独立的检修。

- 这些指令具体体现为为确保重要步骤不被遗漏设置的恰当且醒目的提示信号。

- 这些指令将复杂工作指导说明按阶段来划分,每个阶段包括许多相关的任务或工作。

- 良好的说明书会在适当的位置使用图画与表格。

- 良好的说明书由能够用心阅读的维修人员来撰写。

- 良好的说明书表达清晰且用语简洁流畅。

上述特征的补充信息可在文献[5]中找到。

5.8 维修失误分析方法

多年来,许多方法与技术被用来实施在可靠性、质量和安全领域的各类分析中,其中一些方法还被用来进行维修失误分析。有四类方法如下所述。

5.8.1 概率树方法

概率树方法是用来实现人的可靠性分析的一个常用方法。概率树方法被认为是在维修工作中进行任务分析非常好用的方法。在任务分析时,该方法用图示来表示人员行为。而图示任务分析由概率树分支来表示。

更准确地说,分出来的枝干表示了每个与待研究问题有关的事件或者行为的结果(即成功或者失败)。概率树的每个分支被赋予了一个事件的概率值。该方法在第 4 章与文献[13,21]中有详细的描述,它在维修失误分析中的应用通过以下案例得以佐证。

案例 5.1

假设一名维修人员执行两个独立任务,分别为 m 和 n。任务 m 先于任务 n 执行,这两个任务每个都可能失败。绘制出本例的概率树并给出以下事件的概率表达式。

(1) 维修人员成功完成所有任务。

(2) 该名维修人员未能成功完成所有任务。

在本例中,维修人员首先执行任务 m,无论成功与否都接着执行任务 n。整个方案由图 5.3 中的概率树图来表示。

图 5.3 有四个符号定义如下。

m 表示该名维修人员成功执行任务 m 的事件。

$\bar{m}$ 表示该名维修人员未能成功执行任务 m 的事件。

n 表示该名维修人员成功执行任务 n 的事件。

$\bar{n}$ 表示该名维修人员未能成功执行任务 n 的事件。

通过检查图 5.3,可以注意到对于该名维修人员来说没能成功完成所有任务有三种可能(即 $\bar{m}\bar{n}$,$\bar{m}n$ 和 $m\bar{n}$)。因此该名维修人员未能完成所有任务的概率为

$$P_f = P(\bar{m}\bar{n} + \bar{m}n + m\bar{n})$$

$$= P_{\bar{m}}P_{\bar{n}} + P_{\bar{m}}P_n + P_m P_{\bar{n}} \tag{5.1}$$

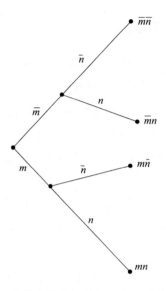

图 5.3　维修人员执行任务 m 和 n 时的概率树

式中:P_f 为该名维修人员未能成功完成整个任务计划的概率;P_m 为该名维修人员成功完成任务 m 的概率;P_n 为该名维修人员成功完成任务 n 的概率;$P_{\overline{m}}$ 为该名维修人员未能成功完成任务 m 的概率;$P_{\overline{n}}$ 为该名维修人员未能成功完成任务 n 的概率。

由于 $P_{\overline{m}} = 1 - P_m$ 与 $P_{\overline{n}} = 1 - P_n$,式(5.1)可简化为

$$P_f = (1 - P_m)(1 - P_n) + (1 - P_m)P_n + P_m(1 - P_n)$$
$$= 1 - P_n P_m \tag{5.2}$$

同样,通过检查图 5.3,可以注意到该名维修人员能够成功完成所有任务只有一个可能(即 mn)。因此该名维修人员成功完成所有任务的概率为

$$P_s = P(mn)$$
$$= P_m P_n \tag{5.3}$$

式中:P_s 为该名维修人员成功完成整个任务计划的概率。

案例 5.2

假设在案例 5.2 中,该名维修人员正确执行任务 m 和 n 的概率分别为 0.9 和 0.95。计算该名维修人员未能成功完成所有任务的概率。

将已知数据代入式(5.2),得

$$P_f = 1 - 0.95 \times 0.9$$
$$= 0.855$$

因此,该名维修人员未能成功执行整个任务计划的概率为 0.855。

5.8.2 庞特科沃方法

庞特科沃(Pontecorvo)方法是对维修人员实施任务时进行可靠性评估非常有用的方法。该方法首先获得缺乏正确可靠性系数的独立分立子任务的可靠性评估,然后将这些评估进行合并得到整体任务可靠性。通常庞特科沃方法在最初设计阶段使用,由如图 5.4 所示的六个步骤组成[13,22]。

步骤 1:与待执行任务的识别有关。这些任务在大体上可以被标识(即每个任务都有一个完整的操作表示)。

步骤 2:与对完成整体任务所必需的子任务的识别有关。

步骤 3:与从诸如室内作业和试验文献中收集数据有关。

步骤 4:为根据每个子任务的失误可能或者困难大小对其进行排序,通常使用十分量表对子任务进行适当排序。尺度可在最少失误到最大失误间变化。

步骤 5:预测子任务的可靠性,并且以一条直线来表示资料与经验数据鉴定等级。这个回归线经过测试非常适合。

步骤 6:确定整个任务的可靠性。其由所有子任务的可靠性相乘得到。

值得注意的是,以上方法常用来评估单个人员独立操作表现。然而,当存在后备人员时,任务能够被正确执行的可能(即任务可靠性)大大增加。尽管如此,后备人员可能必然存在于每种情况下。在这样的方案中,两个人员共同完成一项任务的总体可靠性可以使用下式来评估[13,22]:

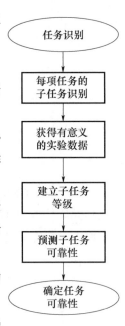

图 5.4　庞特科沃方法步骤

$$R_o = \left[\{1 - (1 - R_s)^2\} PT_1 + R_s PT_2 \right]/(PT_1 + PT_2) \tag{5.4}$$

式中:R_o 为单一人员的可靠性;PT_1 为后备人员可用次数的百分比;PT_2 为后备人员不可用次数的百分比。

案例 5.3

两名维修人员一起独立工作,共同完成一项维修任务。每名维修人员的可靠性为 0.90,而后备维修人员只有 40% 的时间可以使用。计算正确完成这项维修任务的可靠性。

因此按照给定的数值,后备维修人员不可用次数的百分比(图 5.4)为

$$PT_2 = 1 - PT_1$$
$$= 1 - 0.40$$
$$= 0.60 \text{ 或者 } 60\%$$

在式(5.4)中使用以上所述计算值和已知数据,得

$$R_O = \{[1 - (1 - 0.9)^2]0.4 + 0.9 \times 0.6\}/(0.4 + 0.6)$$
$$= 0.936$$

因此,维修任务正确执行的可靠性为 0.936。

5.8.3　帕累托分析

帕累托分析方法以意大利经济学家维尔弗雷多·帕累托(Vilfredo Pareto,1848—1423)的名字命名,它是一种非常有效的方法,可以用来从琐碎的要素中分离出与维修失误相关问题的重要原因。

因此,该方法被认为是对于将维修失误最小化甚至消除的有力工具,它通过确定可以形成合力的方方面面来实现。

该方法由以下六步组成[23,24]。

步骤1:以列表形式列出原因并计算它们的分布。

步骤2:将原因按照递减顺序排列。

步骤3:计算整个列表的总数。

步骤4:确定总数中每个原因的百分比。

步骤5:描绘帕累托图,纵坐标表示百分比,横坐标表示对应的原因。

步骤6:从最终结果中得出推断。

帕累托分析的补充信息可在文献[23,24]中找到。

5.8.4　马尔可夫方法

马尔可夫方法是一个广泛用于实现各种类型的可靠性分析的工具,它也可用来进行维护工作中的人为失误分析。该方法在第4章中描述过。在维修领域中的应用由以下数学模型表达。

这个数学模型表示一个执行一项维修任务的维修人员,他可能出现失误并自我修正。该模型的状态空间如图5.5所示[24]。方框中的数字表示系统状态。

该模型遵循如下假设。

- 维修人员的失误率与自我修正率都是常数。
- 维修人员可以自我修正自己的失误。

● 失误修正后,维修人员的表现保持正常。

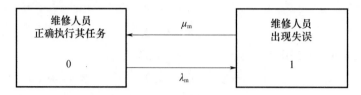

图 5.5　维修人员的状态空间

该模型中使用的符号如下所示。

i 为维修人员状态:$i=0$(维修人员正常执行任务),$i=1$(维修人员出现失误)。

$P_i(t)$ 为维修人员在 t 时刻状态下的 i 概率,$i=0,1$。

λ_m 为维修人员的恒定失误率。

μ_m 为维修人员的固定自我修正率。

在马尔可夫方法的帮助下,根据图 5.5 可以写出下列等式:

$$\frac{\mathrm{d}P_0(t)}{\mathrm{d}t} + \lambda_m P_0(t) = P_1(t)\mu_m \tag{5.5}$$

$$\frac{\mathrm{d}P_1(t)}{\mathrm{d}t} + \mu_m P_1(t) = P_0(t)\lambda_m \tag{5.6}$$

在时刻 $t=0$,$P_0(0)=1$,$P_1(0)=0$。

求解式(5.5)和式(5.6),得

$$P_0(t) = \frac{\mu_m}{(\lambda_m + \mu_m)} + \frac{\lambda_m}{(\lambda_m + \mu_m)} \mathrm{e}^{-(\lambda_m + \mu_m)t} \tag{5.7}$$

$$P_1(t) = \frac{\lambda_m}{(\lambda_m + \mu_m)} - \frac{\lambda_m}{(\lambda_m + \mu_m)} \mathrm{e}^{-(\lambda_m + \mu_m)t} \tag{5.8}$$

随着时间 t 的不断增加,可从式(5.7)和式(5.8)中分别得到以下稳定状态概率等式:

$$P_0(t) = \frac{\mu_m}{\lambda_m + \mu_m} \tag{5.9}$$

$$P_1(t) = \frac{\lambda_m}{\lambda_m + \mu_m} \tag{5.10}$$

式中:P_0、P_1 分别为维修人员在状态 0 与状态 1 时的稳定状态概率。

案例 5.4

一名维修人员执行一项维修任务时,他(她)出现失误与自我修正失误的概率分别为 0.0003 失误/h 与 0.0001 失误/h。计算该维修人员在持续 8h 时间内正确执行自己任务的概率。

将给定数据代入式(5.7),得

$$P_0(8) = \frac{0.0001}{0.0003 + 0.0001} + \frac{0.0003}{0.0003 + 0.0001}e^{-(0.0003 + 0.0001) \times 8}$$

$$= 0.9976$$

因此,该名维修人员正确执行其任务的概率为 0.9976。

5.9　问　　题

1. 给出至少四个与维修中人为失误有关的实例与数字。
2. 讨论在装备全寿命周期内维修失误的发生情况。
3. 撰写一篇关于维修环境的短文。
4. 维修失误发生的主要原因是什么?
5. 维修失误的六个基本类型是什么?
6. 列出至少八个典型的维修失误。
7. 常见可维修性设计失误是什么?
8. 讨论维修工作指南。
9. 描述以下两个方法:

- 帕累托分析;
- 庞特科沃方法。

10. 利用式(5.5)和式(5.5)证明式(5.7)和式(5.8)。

参考文献

[1] Meister, D. , The Problem of Human – Initiated Failures, Proceedings of the 8th National Symposium an Reliability and Quality Control, 1962, pp. 234 – 239.

[2] Meister, D. , Human Factors in Reliability, in Reliability Handbook, edited by W. G. Ireson, McGraw – Hill, New York, 1966, pp. 12. 2 – 12. 37.

[3] Hagen, E. W. , Human Reliability Analysis, Nuclear Safety, Vol. 17, 1976, pp. 315 – 326.

[4] Mason, S. , Improving Maintenance by Reducing Human Error, 2007. Available from Health Safety and Engineering Consultants Ltd. , 70 Tamworth Road, Ashby – de – la – Zvuch, LicesteTshire. UK.

[5] Dunn, S. , Managing Human Error in Maintenance, 2007. Available from Assetivit Pty Ltd. , P. O. Box 1315. Boorgoon, WA 6154.

［6］ Pty Ltd. ,P. O. Box 1315. Boorgoon,WA 6154 ,Pty Ltd. ,P. O. Box 1315. Boorgoon,WA 6154.

［7］ Report：Investigation into the Clapham Junction Railway Accident,Deartment of Transport,Her Majesty's Stationery Office,London,UK 1989.

［8］ Reason,J. ,Hobbs,A. ,Managing Maintenance Error：A Practical Guide,Ashgate Publishing Comany,Aldershot,UK,2003.

［9］ Circular 243 – AN/151,Human Factors in Aircraft Maintenance and Inspection,International Civil Aviation Organization,Montreal,Canada,1995.

［10］ Human Factors in Airline Maintenance：A Study of Incident Reports,Bureau of Air Safety Investigation,Department of Transport and Regional Development,Canberra,Australia,1997.

［11］ Christensen,J. M. ,Howard,J. M. ,Field Experience in Maintenance,in Human Detection and Diagnosis of System failures,edited by J. Rasmussen and W. B. Rouse,Plenum Press,New York,1981,pp. 111 – 133.

［12］ Sauer,D. ,Campbell,W. B. ,Potter,N. R. ,Askern,W. B. ,Relationships between Human Resource Factors and Performance on Nuclear Missile Handling Tasks,Report No. AFHRL – TR – 76 – 85/AFWL – TR – 76 – 301,Air Force Human Resources Laboratory/Air Force Weapons Laboratory,Wright – Paterson Air Force Base,Ohio,1976.

［13］ Dhillon,B. S. ,Human Reliability：With Human Factors,Pergamon Press,New York,1986.

［14］ Rigby,L. V,The Sandia Human Error Rate Bank(SHERB) ,Report No. SC – R – 67 – 1150,Sandia Laboratories,Albuuerue,NM,1967.

［15］ Strauch,B. ,Investigating Human Error：Incidents,Accidents,and Complex Systems,Ashgate Publishing Limited,Aldershot,UK,2002.

［16］ Ellis,H. D. ,The Effects of Cold OD the Performance of Serial Choice Reaction Time and Various Discrete Tasks,Human Factors,Vol. 24,1982,pp. 589 – 598.

［17］ Van Orden,K. F. ,Benoit,S. L. ,Osga,G. A. ,Effects of Cold Air Stress on the Performance of a Command and Control Task,Human Factors,Vol . 38,1996,pp. 130 – 141.

［18］ Wyon,D. P. ,Wyon,I. ,Norin,F. ,Effects of Moderate Heat Stress on Driver Vigilance in a Moving Vehicle,Ergonomics,Vol. 39,1996,pp. 61 – 75.

［19］ Dhillon,B. S. ,Engineering Maintenance：A Modern Approach,CRC Press,Boca Raton,FL,2002.

［20］ Under,R. L. ,Conway,K. ,Impact of Maintainability Design on Injury Rates and Maintenance Costs for Underground Mining Equiment,in Imrovin Safety at Small Underground Mines,Comiled by R. H. Peters,Secial Publication No. 18 – 94 Bureau of Mines,United States Department of the Interior,Washington,D. C. ,1994.

［21］ Dhillon,B. S. ,Singh,C. ,Engineering Reliability：New Techniques and Alications,John Wiley and Sons,New York,1981.

［22］ Pontecozvo,A. B. ,A Method of Predicting Human Reliability,Proceedings of the 4th Annual Reliability and Maintainability Conference,1965,pp. 337 – 342.

［23］ Kanji,G. K. ,Asher,M. ,100 Methods for Total Quality Management,Sage Publications London. 1996.

［24］ Dhillvn,B. S. ,Design Reliability：Fundamentals and Applications,CRC Press,Boca Raton,FL,1999.

第6章 航空维修中的人为失误

6.1 引 言

一个有效且安全的运输系统基本取决于三个要素:设计、运行以及维护。每年全世界有大量的金钱耗费在航空维修上。例如,根据美国航空运输协会的资料,联邦航空每年要花费大约90亿美元在维修维护上[1]。这大概是航空公司运营总成本的12%。

航空维修多年来一直在发展,因为新式飞行器包含了早期样机中没有的发电装置、电子分系统及新式材料[2,3]。相应地,维修人员使用的设备与维修程序也越来越复杂。然而,航空维修的一个重要方向始终没有变化,即大部分航空维修任务仍由检查员与技师人工执行。

虽然维修人员服务的飞行器在过去50年内取得引人注目的发展,但是维修人员依然保持了人类原有的局限性、特质与能力。

本章介绍了航空维修中人为因素的多个重要方面。

6.2 航空维修中人为因素需求及人为因素如何影响航空工程与维修

根据美国的年报,在大约10年周期内(即1983—1993年)定期航班航空公司的产业、成本、乘客飞行里程及飞机数量都超过了航空维修技术人员(AMT)劳动力的增长[4]。这意味着航空维修技术人员必须提高效率以满足日益增加的工作需求,这些工作需要的与应用了先进技术的飞机相关的新技能和新知识,以及为保障现有机群持续适航能力相适应的越来越多的劳动力需求。为有效地实现这些目标,每个技师的技能与职责必须显著增加。此外,空运部门与机构,诸如美国联邦航空管理部(FAA),必须努力保证维修人员变得更合格而维修工作和程序变得更简化。

过去经验表明,人为因素可以在很多个方面对航空工程与航空维修产生影响[5]。比如,在设计与生产阶段,关键部件必须能够被识别并按照所需要的标准生产制造。紧接着,这些部件必须经受维修计划列出的检查与测试。如果它们不在日程列表中,那么没有进行检查就不是计划工程师的责任。同样地,航空工程师也不应该因为忽略了没有被要求过的检查工作而被责怪,除非故障现象非常明显。

虽然如此,工程设计人员可以采用各种方法来将一些维修失误的出现降到最低。这些方法中的两个案例分别是通过设计让关键部件区域变得便于检测以及设计针对可能带来风险的维修失误的适当检查流程。

直接影响航空工程与航空维修的其他人为因素包括外部压力与精神压力(无论是实际的还是感受到的)、环境因素(太暗、太冷)、昼夜节律(在轮班过程中的身体自然变化)[5]。

6.3　航空维修中的人为因素挑战

在航空维修中有许多人为因素的挑战。主要挑战可以分为如图 6.1[6] 所示的五个分类。

分类中的工作人员是指能否有效地胜任未来航空维修人员任务。分类中的工作场所是指能否给航空维修人员提供良好的工作环境,考虑到诸如安全、温度、光照、工作通道及噪声的影响。分类中的培训是指能否连续地给航空维修人员提供适当的培训来迎合飞机技术的发展。

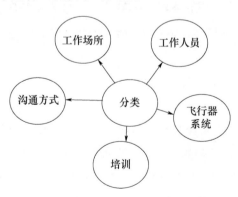

图 6.1　航空维修中人为因素难题的分类

分类中的通信是指能否给维修人员提供定时且精准的维修任务实施信息,

诸如用户助手手册、派工单及其他能够得到检测与维修相关信息的材料。最后，分类中的飞机系统是指在考虑到飞机系统设计过程中与传统的可维护性有关的因素以外，在飞机构造设计的初始阶段是否考虑到航空维修与检查人力方面的具体需要。

人为因素挑战的五个类型补充信息可在文献[6]中找到。

6.4　航空维修环境的人为因素实用指南

航空维修人员在一个巨大的工业体系中充当零件的角色，这样的工业体系包含诸如维护设备、飞机、检测设备、修理设备及监督力量等元素[7]。

为了了解在这样的工作体系中维修人员的工作效能，需要获取正确的信息以掌握维修人员要素的工作特性。此类正确的信息有两个必要案例如下。

- 维修人员如何工作？
- 容易产生维修失误的维修人员与/或维修环境的特征是什么？

人为因素是这样一门学科，通过对诸如人的能力及局限性、人类行为规律及环境对人体机能的可能影响等因素的理解，来寻找并给出以上诸多问题的正确解答。因此，研究人为因素的目标是从研究系统运行时人员的最优使用准则来总结出与人为因素的相关知识。

为了实现这些目标，联邦航空局（FAA）制订了一本名为航空维修中的人为因素的指南手册，这本指南专门介绍了针对维修人员的人为因素信息。指南包括 12 章，每章有不同的主题，具体内容如表 6.1 所列[3]。

"人为因素"章节介绍了人为因素/人机控制的领域，并定义了与人进入工作环境中后所体现的能力和局限性相关的各种概念及术语。

"工具设计"章节通过强调在航空维修环境中发现的要素来描述与工具设计相关的人为因素重要概念。这些要素的两个案例为可移动脚手架与大型开放吊装区域。

"制定人为因素/人机控制程序"章节论述了人机控制程序是什么，以及航空机构为什么必须有一个人机控制程序。这个章节也描述了一些内容，诸如为确保在维修机构中人为因素被专门重视而设立的系统框架概念、涉及人为因素程序的规定必要条件以及实现一个人为因素程序的必要步骤。

表 6.1   美国联邦航空管理部门人为因素指南中涵盖的主题

序号	主题
1	人为因素
2	工具设计
3	制定人为因素/人机控制程序
4	工作场所和作业设计
5	工作场所安全
6	培训
7	测试与调试
8	自动装置
9	轮班工作与计划安排
10	人员与工作相关因素
11	性骚扰
12	残疾群体

"工作场所和作业设计"章节描述了在作业与工作场所设计过程中包含的人为因素观念以及航空维修环境中的最新研究进展,即 FAA 正在进行的部分重点工作。

"工作场所安全"章节论述了诸如与工业生产的工作场所有关的主要危险,维修主管与设计者为了减少事故危险而采取的措施,以及航空维修工作场所独有的特点。

"培训"章节描述了各种与培训有关的重要内容,包括在航空维修环境中的综合培训要求、着眼于远景规划的培训要求变化、适合于教授各种类型知识与技能的培训方法。

"测试与调试"章节论述了与航空维修测试及调试直接或者间接有关的人为因素观念和方法。

"自动装置"章节介绍了与自动装置有关的大多数有用概念,这些概念在航空维修环境与普通环境中都适用。更准确地说,它描述了如何确定哪些维修功能是最适用于自动装置的,以及哪些是不需要的、哪些是潜在的自动装置缺陷。

"轮班工作与计划安排"章节论述了涉及多种轮班计划安排的重要研究发现,包括昼夜节律、失调与失眠的影响等概念。

"人员与工作相关因素"章节论述了诸如与工作有关的压力、财政上的担忧、材料滥用以及连同雇员援助计划适度利用或可能误用等一系列问题。

"性骚扰"章节论述了性骚扰的各个方面,包括有关性骚扰的基本社会与法律观念,以及最新的法院判例与规范要求。最后"残疾群体"章节描述了缺乏行动能力的美国人(ADA)的要求与这种情况对于航空维修环境的意义,以及针对残疾人群的特点与局限而进行调整的人为因素视角。

以上全部 12 个主题的补充信息在文献[3]中可以找到。

6.5 综合维护的人为因素管理体制

综合维护的人为因素管理体制(IMMS)是欧洲对于在飞机维修中的人为因素综合管理所付出的不断努力的成果。更准确地,它是航空系统全寿命中人的集成(HILAS)工程的一部分,这个工程被分为四个平行的工作线:维修操作的监控与评估、人为因素知识的整合与管理、新式驾驶舱技术评估以及空中操作的环境与绩效[8]。

IMMS 的部分主要目标是改善使用性能、改善安全特性、减少人为因素相关风险以及提高品质。

IMMS 由五个主要部分组成(即 C_1、C_2、C_3、C_4 和 C_5),这五个部分被分为两大类:前端应用与后端应用。因此应用程序部分的前端与后端分别是 C_1、C_2 与 C_3、C_4 与 C_5。这五个部分描述如下[8]。

● C_1:本层是针对飞机维修工程师的。它通过便携式手持装置,应用诸如无线电频率识别(RFID)与虚拟现实等现代技术,来向这些工程师提供更好的技术支持。

● C_2:本层完全针对所有支持功能设立。更准确地,它给这些支撑功能提供"软件"方面的管理信息,以处理查验管理与之前发生过的问题。

● C_3:从前端应用中搜集数据(即 C_1 与 C_2)。除此之外,还从组织中常用的操作系统诸如规划、工程以及质量等体系中获取数据。C_3 允许这些系统相互通信。

● C_4:用来管理系统人力部分的人为要素工具与方法的套装。该数据直接或者间接地从组件 C_1、C_2 与 C_3 获得,将持续更新本组件(即 C_4)。

● C_5:本层处理在两个层面上实施。第一个层次与从体系中产生的实际建议的应用有关,而第二个层次与体系自身的应用有关。这个部分(即 C_5)也表达了有组织支持更广泛的情况。

与 IMMS 有关的补充信息在文献[8]中可以找到。

6.6 航空维修人员的人为因素培训计划及训练场地

在航空维修中的一个最有挑战性的争议是设计与开发适当的人为因素培训计划。可用于设计与可发人为因素培训计划的系统性方法由五个步骤组成,如图6.2所示[9-12]。该处理包括以下项目。

制订目标和细化训练目的、开发与应用培训程序、囊括最终用户与科目专家、测量训练效果以及给培训开发者提供反馈[9]。如图6.2所示的步骤描述如下[9]。

步骤1:进行分析。该步骤将执行三种类型的分析:组织、任务及人员。这些分析的目的是确定训练需求与绩效表现之间的差异程度、对层次性的任务结构进行开发分析以及创造适当的学习层次来识别已有的知识技能以及受训者的能力水平。

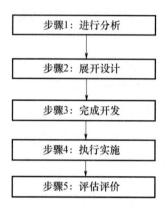

图6.2 设计与可发人为因素培训计划的方法步骤

步骤2:展开设计。该步骤将细化培训课程、目标以及目的。这些可以通过采用共享的设计方法来有效完成,包括组建在航空维修、维修运行、检验、联邦航空局规范标准以及人为因素领域的专家与用户组成的跨学科团队。

步骤3:完成开发。该步骤是对培训材料与多媒体素材的开发。在这样的材料中加入"在家办公"案例将非常有用。

步骤4:执行实施。该步骤是对受训者实施培训。

步骤5:评估评价。该步骤对培训进行评估,包括培训计划对于受训者的绩效、行为与知识的影响进行测量。

评价培训课程有许多种常用方法,这些方法都是基于一个五级框架[11,12,13-15]。这五个层次是对培训、受训者反应、学习、绩效(如行为上改进)以及组织结果的基本评估[9]。

人为因素相关学科包括教育心理学、组织心理学、认识科学、安全工程学、临床心理学、实验心理学和人体工程学[16]。基于这些学科,航空维修人为因素课程使用了多种方法来调整教育目标。尽管如此,有些有用的主题/领域仍可以作为航空维修人为因素课程的备选,如下所示[16]。

- 安全和经济统计。
- 失误和关于失误与企业纪律/规范原则的从经济学角度考虑的失误报告。
- 维修资源管理。
- 压力。
- 人为因素基本方法包括解析法、人的绩效模型、环境因素、物理因素、医学因素和健康卫生以及认知因素。
- 团队合作。
- 工作场所的安全。
- 行为分析。
- 心理因素。
- 位置感知。
- 工作区通信(包括通信的原则、领导者、冲突解决方案、决策系统、规划实现以及团队动态/团队协作)。

6.7　常见的人为因素相关航空维修问题

过去的经验表明存在许多与人为因素相关的航空维护问题。其中一些常见的问题如下[17]。

- 多种新老技术设备共存。
- 使用适当的先进技术辅助工作的需求。
- 合格劳动力的有效性。
- 旨在消除故障的有效技术培训需求。
- 任务绩效相关数据的分析需要。
- 生产条件/环境的最优情况。
- 所有技术资料的组织和有效利用。

与人为因素有关的航空维修问题补充信息在文献[17]中可以找到。

6.8　问　　题

1. 阐述对航空维修中与人为因素有关的需求。
2. 列出至少六个常见的与人为因素有关的航空维修问题。
3. 描述人为因素综合管理体制(IMMS)。

4. 列出至少 10 个在联邦航空局人为要素指南中提及的航空维修环境专题。

5. 论述人为因素是如何影响航空工程与维修的。

6. 在航空维修中主要的人为因素难题是什么?

7. 描述人为因素培训程序设计与开发的方法步骤。

8. 列出至少 10 个可以作为航空维修中人为因素培训课程初学者的主题/领域。

9. 撰写一篇关于航空维修领域中人为因素的短文。

10. 论述面向航空维修环境中人为因素的实践性指导的必要性。

参考文献

[1] Johnson, W. B. , Human Factors Research: Can it Have an Impact on a Financially Troubled U. S. Aviation Industry? *Proceedings of the Human Factors and Ergonomics Society 37th Annual Meeting* , 1993 , pp. 21 – 25.

[2] Vreeman, J. , Changing Air Carrier Maintenance Requirements, *Proceedings of the Sixth Meeting on Human Factors Issues in Aircraft Maintenance and Inspection* , 1992 , pp. 40 – 48.

[3] Maddox, M. E. , Introducing a Practical Human Factors Guide into the Aviation Maintenance Environment, *Proceedings of the Human Factors and Ergonomics Society 38th Annual Meeting* , 1994 , pp. 101 – 105.

[4] Shepherd, W. T. , Human Factors in Aviation Maintenance and Inspection: Research Responding to Safety Demands of Industry, *Proceedings of the Human Factors and Ergonomics Society 39th Annual Meeting* , 1995 , pp. 61 – 65.

[5] Nunn, R. , Witts, S. A. , The Influence of Human Factors on the Safety of Aircraft Maintenance, *Proceedings of the 50th Flight Safety Foundation/International Federation of Airworthiness Conference* , 1997 , pp. 211 – 221.

[6] Shepherd, W. T. , Human Factors Challenges in Aviation Maintenance, *Proceedings of the Human Factors Society 36th Annual Meeting* , 1992 , pp. 82 – 86.

[7] Parker, J. F. , A Human Factors Guide for Aviation Maintenance, *Proceedings of the Human Factors and Ergonomics Society 37th Annual Meeting* , 1993 , pp. 30 – 33.

[8] Ward, M. , McDonald, N. , An European Approach to the Integrated Management of Human Factors in Aircraft Maintenance: Introducing the IMMS, *Proceedings of the 7th International Engineering Psychology and Cognitive Ergonomics Conference* , 2007 , pp. 852 – 859.

[9] Robertson, M. M. , Using Participatory Ergonomics to Design and Evaluate Human Factors Training Programs in Aviation Maintenance Operations Environments, *Proceedings of the XIVth Triennal Congress of the International Ergonomics Association and 44th Annual Meeting of the Human Factors and Ergonomics Association* , 2000 , pp. 692 – 695.

[10] Gagne, R. , Briggs, L. , Wagner, R. , *Principles of Instructional Design* , Holt, Rinehart, and Winston, Inc. ,

New York,1988.

[11] Goldstein,I. L. ,*Training in Organizations*,Wadsworth Publishing,Belmont,CA,1993.

[12] Knirk,F. G. ,Gustafson,K. I. ,*Instructional Technology:A Systematic Approach to Education*,Holt,Reinhart, and Winston,New York,1986.

[13] Kirkpatrick,D. ,Techniques for Evaluating Training Programs,*Training and Development Journal*,Vol. 31, No. 11,1979,pp. 9 – 12.

[14] Gordon,S. ,*Systematic Training Program Design:Maximizing and Minimizing Liability*,Prentice Hall,En- glewood Cliffs,NJ,1994.

[15] Hannum,W. ,Hansen,C. ,*Instructional Systems Development in Large Organizations*,Prentice Hall,Inc. , Englewood Cliffs,NJ,1992.

[16] Johnson,W. B. ,Human Factors Training for Aviation Maintenance Personnel,*Proceedings of the Human Factors and Ergonomics Society 41st Annual Meeting*,1997,pp. 1168 – 1171.

[17] Johnson,W. B. ,The National Plan for Aviation Human Factors:Maintenance Research Issues,*Proceedings of the Human Factors Society 35th Annual Meeting*,1991,pp. 28 – 32.

第7章 发电厂维修中的人为因素

7.1 引 言

由于在发电厂设备、系统以及装置的可维修性设计中,人力因素的辅助作用会直接或者间接地增加工厂的生产力、有效性及安全,所以人为因素在发电厂维修中扮演着极为重要的角色。例如,经验表明,许多工厂停产状况是由维修过程中的人为因素引发停机或者延长停机时间造成的。据估计,人为因素造成的发电厂每天生产损失至少价值 50 ~ 75 万美元[1]。

与航天工业相比,电力行业关注人为因素算是新鲜事物,事实上,也许可以追溯到 20 世纪 70 年代中期,当时 WASH – 1400 反应堆的安全研究报告中批评核电站控制与显示设备的设计和布置不符合人机工程标准[2]。电力能源研究所(EPRI)注意到这样的评论并在美国发起了一项旨在对核电站控制室中人为因素进行评估的研究。该项研究重点关注了各种很少出现但是非常重要的与故障有关的人为因素,这些因素可以导致人机结构效率低下[1,3]。在接下来的几年里,与人为因素有关的故障事件屡屡发生,包括在三厘岛发生的核电站事故。这些事件使得在生产中各个领域的人为因素得到了关注,其中包括了维修领域中的人为因素。

本章介绍了发电厂维修中与人为因素有关的多个重要方面。

7.2 发电厂系统中与维修相关的人为因素技术缺陷

在过去数年里,许多研究已经识别出在发电厂里大量与维修直接或者间接有关的人为因素技术缺陷。一个基于调查的研究将这样的缺陷划分为以下六类[4]。按照重要性进行递减排序,这些类型如下[4]。

●维修的通路有限或者间隙不够。此类缺陷包括检查时的通道不够、没有正常使用工具的空间等。

- 为提高设备维修效率的设计不够。此类缺陷如要做的工作太过于精细以至于无法戴着面具与手套完成、设备设计过于复杂(即难以修理)、无法始终开着舱门等。
- 装备或系统内在的不可靠性。此类缺陷如燃料棒位置指示器的设计容易导致污染且非常廉价、平台式安装器的设计缺乏足够的安全系数而且要求经常维护、过于敏感的控制器以及系统漂移且不稳定。
- 影响人身安全的危险。此类缺陷如诸如 35 英尺落锤等处没有安全轨道、主给水泵的地板上有油、氢排空设备非常危险以及在高辐射区内的装备设计粗劣。
- 人员与设备机动性的不匹配。此类缺陷如没有通往涡轮甲板的升降机、梯子上缺乏工作平台、从舱口进入内部的通路只有单向、在需要的地方没有货物升降机以及吊装时缺少眼板。
- 其他缺陷。此类缺陷意味着如缺少标准化、高温环境以及缺乏空调。

7.3　能源生产的优良设计系统中与技术维修相关的理想人为因素特性

　　文献[4]中的调查研究表明,用于能源生产中经过优良设计的系统具备许多项与工程维修及人为因素相关的理想特性。这些特性按重要性依次排列如下[4]。

- 实际可达性。此类特性如内燃机周围的良好可达性、空气压缩机的容易接近性以及操纵杆修理的良好可达性。
- 易于分解、拆卸以及修理。此类特性如传动杆操纵的模块化设计、断路器的容易拆卸性以及组件化铺设轨道。
- 易于进行系统级的故障诊断测试与监视。此类特性如易于测试的工程化防护、嵌入式校准系统、良好的测试插座及方便的输入信号以及易于进行故障诊断的熔炉控制室。
- 高效的升降与运输能力。此类特性如永远在位的嵌入式升降机、炉顶的容易拆卸性以及运输工具的可达性。
- 高可靠性装备。此类特性如可靠的备用品、易于操作且很少停机的空气压缩机以及高度可靠的设有安全保护措施的驱动系统。
- 易于检查与保养。此类特性如预防性维修的通路设计良好、问题易于定位以及油液易于更换。

●优质印刷品和手册。此类特性如易读的印刷品、易于理解的程序以及详细的操作须知。

●污染区域的回避。此类特性如装备安置在方便到达的位置并且位于热点区域的外面。

●良好的安放区域。此类特性如涡轮发电机的恰当安置区域。

●所需工具的实用性。此类特性指所有必需工具的实用性,如为完成一项复杂装配任务需要提供的所有专用工具。

●其他特性。此类特性包括诸如失效保护设计与训练模拟用实物模型的频繁使用。

7.4 影响人为因素决策的发电厂绩效目标

发电厂有许多绩效目标会直接或者间接地影响到关于人为因素的维修决策。这些目标可以分为以下三类,如图 7.1[5]所示,包括工厂安全、工厂生产力和设备利用率。

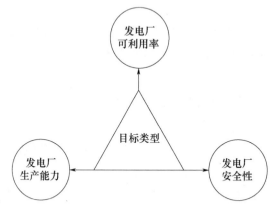

图 7.1 能源生产企业中影响人为因素决策的绩效目标分类

工厂安全的目标包括对人员的伤害、设备的损害最小化以及对于核电站来说消除环境中存在放射性物质与减少人员曝露在射线中的可能性。

工厂的生产力目标包括增强所有相关人员的可靠性、效率以及工作动力。

设备利用率目标包括工厂能够在将人为失误最小化的情况下增加满负荷发电的次数。这些人为失误直接或者间接地导致了系统或设备故障,增加了系统或设备的故障维修时间。

7.5 发电厂中的人为因素研究

在一项关于与人为因素有关的维修调查研究中,通过对五个核电厂与四个石化燃料发电厂进行调查,显示出各种与人为因素直接或者间接有关的问题。该项研究扩大了研究范围,延伸到诸如设备、环境因素、设计、组织因素、程序、备用品和工具等检查项目。

研究成果分为以下 16 个类型[1,4]。

- 工具设计因素。
- 环境因素。
- 装备可维护性。
- 人体测量和人体力量。
- 人与机器的移动。
- 标签与编码。
- 保养器材、供应和机具。
- 维护信息、程序和手册。
- 人身安全。
- 通信。
- 装备防护。
- 生产力和组织界面。
- 预防性维修和故障诊断。
- 工作实施。
- 选择和培训。
- 维修错误和事故。

上述类型中一部分类型的详细描述如下[1,4]。

工具设计因素分类直接或者间接地与在工具设计中相关的人为因素问题有关。这些问题包括高噪声等级、温度与通风控制不够、污染器件存储容器缺乏以及不能满足有效维修需要的空间。

环境因素分类与环境相关的人为因素问题有关。在这些问题中有两个问题,分别是热应力与照明的高变化性。

这些问题中属于人体测量与人的力量分类的一个案例是对于待维修的设备缺乏方便的可达性。

属于标记与编码分类的一个问题是说明标签撰写过于粗略、设计者对识别信息的需求低估、对年久失修后标记损失情况或者变得模糊而不可识别的情况缺乏有计划的更换措施、成套单元机组中外表高度相似或者相同的两个部件发生维修故障的高度相似性。

属于人身安全分类的问题中的一些问题包括射线照射、蒸汽烧伤、化学灼伤和中暑衰竭。

通信联络分类对应的问题包括诸如现有通信系统无法满足工厂内通信容量的问题。特别在临时停电或者故障停机时,工作在放射性环境中的维修人员穿着防护衣导致有效通信的严重阻碍与通信距离受限。

对于装备可维修性分类而言,最常见的问题包括装备安装的位置从正常工位难以接近。

维修信息、程序与手册分类的主要问题为撰写程序与手册内容过于简单。

属于选择与培训分类的问题为培训过程不正式、选择标准定义不清晰以及缺乏有效的筛选工具或技术、核电站中在培训方面的付出整体上不足。

7.6　评估与改进发电厂可维护性的人为因素方法

有许多人为因素方法可以用来评估与改善发电厂的可维护性。其中有六个方法如图7.2所示[1.6],每个方法都分别描述如下。

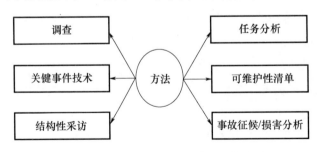

图7.2　用来评估与改善发电厂的可维护性的人为因素方法

7.6.1　任务分析

任务分析是一个系统性的评估方法,可以用来评估装备维修人员对于借助设备成功完成一项给定任务的需求。分析人员除了对影响实际可维修性的阻碍物进行观测,还记录与监控了每个任务元素以及开始与完成时间。

观测分为以下 16 种类型:装备维修性设计特征、有效维护信息的可用性(即图表、程序、手册)、工具与工作辅助用具、维修团队交流、装备潜在损伤、决策因素、人员危险、升降或移动辅助、通信、培训需求、备份恢复、工作场所的适当性、上级与下属关系、环境因素、通路因素以及工具设计特征[1]。该方法的补充信息可在文献[1,6]中找到。

7.6.2　可维护性清单

可维护性清单主要是基于在文献[4]中的调查研究报告,它被分为 14 个独立的主题部分,分别为人身安全、辐射防护、通信、设备、维护信息、装备维护能力、标注与编码、预防性维修、人体测量以及人体力量、选择与培训、环境因素、工作与组织因素、装备防护、存储、备份与工具。

该方法的补充信息可以在文献[4]中找到。

7.6.3　事故征候/损害分析

事故征候/损害分析是常用来评定一项特定任务中固有的事故、损伤以及潜在失误的结构化方法。为了确定维修工作绩效的潜在灾难性可能,工作的起点就是建立一套能够详细描述工作对象的机制。

为了每个任务元素,对每个被接见者(如修理人员)的访问需要提出如下问题:对于正在运行的装备或系统是否有发生失误、事故、损害的低、中、高的可能性? 可以用 X、Y、Z 三个层次来表示。对所收集的信息进行详细分析之后,会建议对诸如装备、设备与程序之类的项目进行改变。该方法的补充材料可以在文献[1,6]里找到。

7.6.4　结构性采访

结构性采访是一个在尽可能短的时间内收集有价值的可维护性相关资料的有效方法。该方法假设接近可维修性问题的人员(如修理人员、技师以及他们的管理者)能够对以最好的方式完成工作所涉及的问题提供一个最有价值的观察角度。

在结构性访谈中,会经常用到一个固定的问题集。该问题集在表 7.1 中可见[1,6]。对所收集的数据进行详细分析之后,要做出适当的改进建议。

该方法的补充信息可以在文献[1,6]中找到。

表7.1　一个结构性访谈中所提问题的样例

序号	问题
1	你的工厂设施是否考虑到利于有效且安全的实施维修活动而正确安置？
2	你的工厂设施在多大程度上与工厂整体设计融为一体？
3	在考虑到诸如通风、照明以及噪声等因素的情况下,你如何描述工厂设施中的环境？
4	是否提供了适当的存储区域与作业台？
5	我们的设施设备的大小是否有效适应组织中的所有人员？

7.6.5　关键事件技术

过去经验表明,维修失误、事故或者接近发生灾难的历史事件能够提供与改进可维护性相关的信息。关键事件技术是一项有效的工具,有助于站在人为因素立场对此类案例的历史进行回顾检查。关键事件技术在应用时要求单个成员与维修组织委员进行会面。对每个成员来说要被问到以下三个问题。

• 基于个人经验,给出一个带来严重后果或者潜在严重后果的维修失误、事故或接近灾祸的案例。另外,描述一下所涉及案例的特点以及如何避免这种情况的方法。

• 给出一个不是基于"以人为本"来设计的或者从维修人员的角度来看设计粗劣的工厂体系或装备单元的案例,其导致了或者可能导致安全危险、对装备的损害或失误。

• 给出一个良好的人机工程设计或者易于维护的工厂体系或装备单元的案例。站在维修者的视角将其特点作为重点描述一下该体系或者单元。

在对所收集的数据进行分析之后,建议对维修工作进行适当的改进。

该方法的补充信息可以在文献[1,6]中找到。

7.6.6　调查

使用了诸如任务分析、结构性采访以及可维护性清单等方法并获得了结果之后,对于确定的可维护性相关因素需要更为详细的检查:使用调查方法。此类方案的两个案例如下。

• 在分析一个或者多个具体任务的过程中逐渐证实,照明不足可能是一个重要问题。在这样的状况下,对于在工厂范围内所有维修工作相关的地点进行照明普查将会非常有效。

• 在通信区域内的大部分维修人员已经表达出担忧。在这样的状况下,对于在工厂内的重要通信链路之间进行消息可读性的检查或者测试将非常有效。

指导此类调查的补充信息在文献[6]中可以找到。

7.7 能源生产中人为因素工程应用的优点

过去经验表明,在发电厂维护工作中人为因素工程的应用有非常多的好处。尽管如此,对于能源生产中与维修直接或者间接相关的人为工程应用可以将其好处分为两大类:增值与减少[5,7-9]。

其中减少分类包括减少非必要的成本、减少人为失误的发生、降低故障后果严重性(如人员伤亡与装备损伤的数量及严重程度)、减少工时的浪费、降低对人员的数量与资格要求、降低培训需求与培训损耗以及减少人员对于工作的不满(如人员新旧更替与不遵守劳动契约)。

7.8 问 题

1. 写一篇关于发电厂维修中人为因素的短文。

2. 列出发电厂体系中至少五类与人为因素技术维修相关的故障并进行讨论。

3. 列出在能源生产中良好设计体系下至少八个合理的与人为因素技术维修的相关属性并进行讨论。

4. 能源生产工厂中直接或者间接驱动人为因素维修相关决策的性能目标是什么?

5. 能源生产中与维修活动相关的人为因素工程应用的最大好处是什么?

6. 核电站与化石燃料发电厂的维修中与人为因素有关的调查中的结果发现是如何分类的?

7. 列出至少五个常用于评估与改进发电厂可维护性的人为因素方法。

8. 讨论以下两个常用于评估与改进发电厂可维护性的人为因素方法:

• 任务分析;

• 可维护性清单。

9. 描述用于评价与提高发电厂可维护性的结构性访谈方法,并给出在结构性访谈中会用到的一个问题样例。

10. 比较关键事件技术与事故征候/损害分析方法。

参考文献

[1] Seminara, J. L. , Parsons, S. O. , Human Factors Engineering and Power Plant Maintenance, *Maintenance Management International*, Vol. 6, 1985, pp. 33 – 71.

[2] WASH – 1400, Reactor Safety Study: An Assessment of Accident Risks in U. S. Commercial Nuclear Power Plants, U. S. Nuclear Regulatory Commission, Washington, D. C. , 1975.

[3] Seminara, J. L. , Gonzalez W. R. , Parsons, S. O. , Human Factors Review of Nuclear Power Plant Control Room Design, Report No. EPRI NP – 309, Electric Power Research Institute(EPRI), Palo Alto, CA, 1976.

[4] Seminara, J. L. , Parsons, S. O. , Human Factors Review of Power Plant Maintainability, Report No. EPRI NP – 1567, Electric Power Research Institute(EPRI), Palo Alto, CA, 1981.

[5] Kinkade, R. G. , Human Factors Primer for Nuclear Utility Managers, Report No. EPRI NP – 5714, Electric Power Research Institute(EPRI), Palo Alto, CA, 1988.

[6] Seminara, J. L. , Human Factors Methods for Assessing and Enhancing Power Plant Maintainability, Report No. EPRI NP – 2360, Electric Power Research Institute, Palo Alto, CA, 1982.

[7] Annual Report, Electric Power Research Institute(EPRI), Palo Alto, California, 1982.

[8] Parfitt, B. , First Use: Frozen Water Garment Use at TMI – 2, Report No. EPRI 4102B(RP 1705), Electric Power Research Institute(EPRI), Palo Alto, CA, 1986.

[9] Shriver, E. L. , Zach, S. E. , Foley, J. P. , Test of Job Performance Aids for Power Plants, Report No. EPRI NP – 2676, Electric Power Research Institute, Palo Alto, CA, 1982.

第8章 航空维修中的人为失误

8.1 引　言

维修维护对于全世界航空工业来说极为重要。1989 年,美国航空运营费用约 12% 用在维修活动上[1,2]。1980—1988 年间,航线维修的成本从大约 29 亿美元上升到 57 亿美元[3]。这个增加可归因于空中交通的增加与日益老化的飞行器持续适航造成维修工作增加等因素。

还要考虑到的是,空中交通的增加与航空器利用率的需求增加的根本原因是商业飞行计划的严苛要求,进而使得需要及时进行的维修活动遭受了非常大的压力。这种情况下更增加了飞行器维修活动中人为失误发生的概率[4]。一项在英国进行的研究报告中指出,在 100 万个航班中发生的维修事故数量从 1990 年到 2000 年期间已经翻倍[5]。这清楚地表明,对于可靠安全的飞行需要消除或者最小化此类失误事件的发生。

本章介绍了在航空维修中人为失误的多个重要方面。

8.2　事实、数据与案例

一些直接或者间接涉及航空维修中人为失误事件的事实、数据及案例如下。

● 一项研究揭示了在所有的飞机事故中大约有 18% 的事故与维修相关[6,7]。

● 按照参考资料维修失误导致了 15% 的飞机运输事故以及美国航空工业每年 10 亿美元的损失。

● 根据波音公司的一项研究,19.1% 的飞行中发动机停车事故是由维修失误引起[8]。

● 一项研究报告表明,维修与检查是大约 12% 重大飞行事故的原因[9,10]。

● 关于 122 项维修失误的研究表明,人为失误造成故障有遗漏(56%)、错误安装(30%)、零件错误(8%)及其他(6%)[11,12]。

● 一项关于安全问题的分析对 1982—1991 年间世界范围内的喷气飞机机上事故进行比较,确定了维修与检查是机上事故第二重要的安全事件[13,14]。

● 1979 年,由于维修人员实施了不适当的维护程序,272 人在 DC –10 飞机事故中丧生[15]。

● 1991 年,由于在预定维修程序中的人为失误,13 人在 Embraer120 飞机事故中丧生[4,5]。

● 在 1988 年的一次飞行中,一架波音 737 –200 飞机的上层客舱由于结构损坏被撕开。这个事故主要归咎于维修检查人员的失误。而检查人员需要在检查过程中对飞机表面超过 240 个裂缝进行甄别[5,16]。

8.3 航空维修中的人为失误原因及航空维修与检查任务中的人为失误主要分类

有许多因素都可以影响航空维修人员的工作表现。在国际民用航空组织撰写的相关目录中列出了超过 300 个这样的因素或者影响因子[17]。这些因素或者影响因子的范围从厌倦工作延伸到温度因素。一些直接或者间接与航空维修中人为失误出现有关的重要原因有时间压力、培训不充分、工作工具不够以及实践不足,维护任务复杂、维护程序撰写不够、装备设计简陋、维修保养手册过时、工作布局不合理、维修人员疲劳,以及工作环境糟糕(如温度、湿度、光照)[15,18]。

在航空维修与检查相关任务中人为失误有许多重要分类,其中的八个分类为错误的装配顺序(如内圆筒垫片与密封圈装配顺序不正确)、程序错误(如前起落架门未关)、错误的零件(如安装了错误的静压力管)、错误的装配(如阀密封垫向后装配)、零件遗漏(如螺栓螺母未固定)、零件缺陷(如磨损的电缆、液体渗漏、爆裂的航标塔等)、功能故障(如轮胎气压错误)以及能用触觉感知的缺陷(如座位没有锁定在正确的位置)[12,19,20]。

8.4 飞机维修中人为失误的类型以及发生的频率

1994 年,一项波音公司的研究对 86 起与维修失误有关的飞行事故报告进行查验,指出了 31 类维修失误。这些类型包括(在括号里是该类型发生的频率)不安全条件下系统操作(16)、没有经过安全制造的系统(10)、设备故障

(10)、牵引事件(10)、下降及相应本能行为(6)、没有发现的老化(6)、人员进入危险区域(5)、没有完成的安装(5)、没有记录的工作(5)、没有取得与使用正确的设备(4)、人员接触危险(4)、使用无用的设备(4)、装备未激活或者设备无效(4)、没有给出适当的口头警告(3)、安全锁或者警示牌被移动(2)、插头或者系带留在原地(2)、未经适当的检测(2)、装备或者运输工具触碰到飞机(2)、没有使用警告标志或者标签(2)、运输工具用推来代替牵引(2)、错误的液体类型(1)、检修窗未关闭(1)、面板安装错误(1)、物料遗留在引擎中或者飞机上(1)、定位定向错误(1)、装备没有安装(1)、开放的系统被污染(1)、元件与装备安装错误(1)、无法取得备用零件或者元件(1)、无法实施必要的保养(1)以及其他(6)[21]。

8.5　航空维修活动中的常见人为失误

在过去数年里,有许多研究给出了航空维修中常见的人为失误,其中一个由英国国内航空局(UKCAA)支持的研究在三年的时间里确定了八类航空维修中的常见人为失误,如图 8.1 所示[12,22]。

8.6　航空维修失误分析方法

在过去数年里,在可靠性及其相关领域已经开发出许多方法可以用于在航空维修领域内人为失误的分析。以下是其中的三种方法。

8.6.1　因果图

因果图法是由日本人 K. Ishikawa 在 20 世纪 50 年代早期开发。在公开的文献资料中也被称为石川图法或者鱼骨图。该图表法是针对一项特定航空维修失误来确定其根本原因并且给出适当的相关建议的有效工具。

如图 8.1 所示,图中最右端的方框表示结果,而左边的图表示由中心线连系起来的所有可能的原因。按照前后次序,每个原因通常由各种子原因组成。绘制因果图通常要遵循以下五个步骤[8]。

- 步骤 1:展开问题状态。
- 步骤 2:进行头脑风暴以确定所有可能的原因。

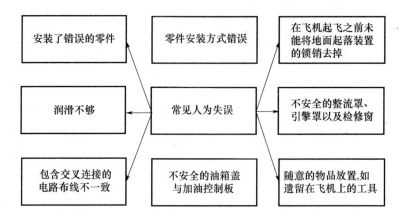

图 8.1 在航空维修中经常发生的人为失误

• 步骤 3:通过按层次分组来建立主要的原因类别并实施步骤。

• 步骤 4:遵循适当的步骤连接所有的原因绘制图表,并且在图右侧的方框内填写效果(如出现的问题)。

• 步骤 5:通过提出诸如什么导致现状、这种状况为何存在等问题来对原因进行分类,并对类型进行细化。

因果图有许多益处,其中一些重要的益处如下。

• 作为创造思路的有效工具。

• 对理论进行按序展开的有效手段。

• 确定根本原因的有效工具。

• 指导进一步调查的有用方法。

案例 8.1

一项关于航空维修设备的研究报告了在维修中人为失误出现的六个原因:

• 糟糕的工作环境。

• 时间压力。

• 复杂的维修任务。

• 差劲的装备设计。

• 粗劣的工作布局。

• 工具不够。

"糟糕的工作环境"这个原因的三个子原因分别是温度、湿度与光照。为航空维修中的这个人为失误后果绘制一个因果图。

该案例的因果图如图8.2所示。

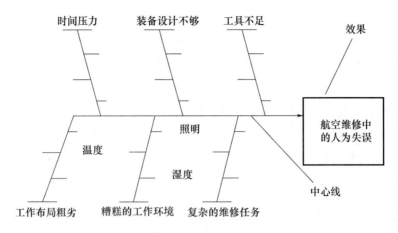

图 8.2　航空维修中人为失误事件的原因—结果图

8.6.2　失误—原因排除程序

失误—原因排除程序(ECRP)原本是用来将在生产运行中人为失误的出现减少到可容忍的程度[24],它也会用于在航空维修运行中减少人为失误的发生。该方法的重点在于建立预防措施来防止人为失误的发生而不仅仅是依靠补救措施。在航空维修方面,ECRP 可以仅仅被描述为旨在减少人为失误出现的维修人员参与计划。

更准确地,ECRP 由工作组(如航空维修工作者)组成,每个工作组都有自己的调度员。调度员拥有特殊的技术与分组能力。工作者在定期组会上提出自己的失误与疑似失误报告。对这些报告进行适当的讨论,要做出有关预防措施或者补救措施的建议。工作组调度员将提交建议以进行适当的管理行为。ECRP 的七个基本元素如下[24]。

　　●ECRP 涉及的所有人员都需要培训以了解 ECRP 的意义。

　　●所有的维修人员与班组调度员都要进行数据收集分析方法的培训。

　　●维修人员针对 ECRP 所做的努力需要得到管理层某种程度的认可。

　　●人为因素专家与其他专家确定了根据建议所做出改变产生的效果,此处改变即 ECRP 输入帮助的情况下在航空维修运行中所做的改变。

　　●提出的最优解决方案要被管理层完全实施。

　　●所有提出的解决方案都要经过各种专业人员包括人为因素专家的成本评估。

● 航空维修工作人员报告并评估失误或类似失误情况,并且提出根除失误原因的解决方案。

最后,有三个与 ECRP 有关的重要原则如下。

● 工作重点要放在诸如失误类似情形、易发事故状况以及失误等事项的数据收集上。

● 对班组提出的各项重新规划过的工作内容进行评估,评估内容涉及诸如成本—效率的增量、工作成就感以及失误率的修正等因素。

● 集中精力在工作状况的确认与辨别上,确认出为减少潜在失误的发生而需要重新设计的情况。

8.6.3 故障树分析

故障树分析是一个有力且灵活的方法,常用于工业中实施各种类型的可靠性相关分析。该方法在第 4 章与文献[18,20]中曾被描述。它在航空维修人为失误分析中的应用已经被以下案例所证明。

案例 8.2

假设在案例 8.1 的原因“糟糕的工作环境”的子原因是照明不良、高温/低温以及注意力分散。同样地,原因“粗劣的装备设计”的子原因是设计规范撰写过于简单、在设计规范中没有考虑到维修失误的发生、对设计规范的曲解。

为案例 8.1 绘制故障树,该故障树的顶事件为在考虑以上所述子原因的“航空维修中的人为失误”,且使用在第 4 章里给出的故障树符号。

案例所示的故障树如图 8.3 所示。

案例 8.3

假定如图 8.3 中所示圆框内的事件(如 $X_1, X_2, X_3, \cdots, X_g$)发生概率为 0.02,计算顶事件 T(即航空维修中的人为失误)、中间事件 I_1(即糟糕的装备设计)与 I_2(即简陋的环境)分别作为独立事件的发生概率。根据第 4 章与文献[18,20],以及给定的数值,得到 I_1、I_2 与 T 的值如下。

中间事件 I_1 的发生概率为

$$P(I_1) = 1 - \{1 - P(X_1)\}\{1 - P(X_2)\}\{1 - P(X_3)\}$$
$$= 1 - \{1 - 0.02\}\{1 - 0.02\}\{1 - 0.02\}$$
$$= 0.0588$$

式中: $P(I_1)$、$P(X_1)$、$P(X_2)$、$P(X_3)$ 分别为事件 I_1、X_1、X_2、X_3 的发生概率。

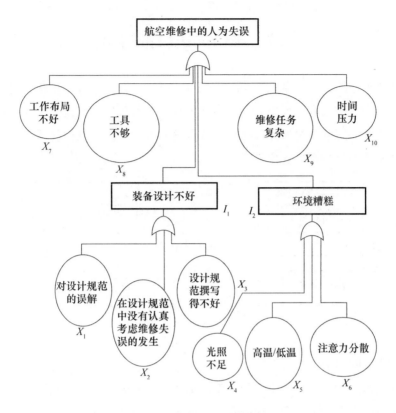

图 8.3　案例 8.2 的故障树

中间事件 I_2 的发生概率为

$$P(I_2) = 1 - \{1 - P(X_4)\}\{1 - P(X_5)\}\{1 - P(X_6)\}$$
$$= 1 - \{1 - 0.02\}\{1 - 0.02\}\{1 - 0.02\}$$
$$= 0.0588$$

式中：$P(I_2)$、$P(X_4)$、$P(X_5)$、$P(X_6)$ 分别为事件 I_2、X_4、X_5、X_6 的发生概率。

使用以上给定的数值与计算出的数值，以及第 4 章与文献 [18,20]，得

$$P(T) = 1 - \{1 - P(X_7)\}\{1 - P(X_8)\}\{1 - P(X_9)\}\{1 - P(X_{10})\}\{1 - P(I_1)\}\{1 - P(I_2)\}$$
$$= 1 - \{1 - 0.02\}\{1 - 0.02\}\{1 - 0.02\}\{1 - 0.02\}\{1 - 0.0588\}\{1 - 0.0588\}$$
$$= 0.1829$$

式中：$P(T)$ 为事件 T 的发生概率。

因此，顶事件 T（即航空维修中的人为失误）、中间事件 I_1（即糟糕的装备设计）与中间事件 I_2（即简陋环境）各自的发生概率分别为 0.1829、0.0588 与 0.0588。

8.7　维修失误决策辅助

作为航空行业中维修失误归因的重要调查工具,在 20 世纪 90 年代由波音公司与大陆航空及联合航空公司等合作伙伴一起开发[25-27],维修失误决策辅助(MEDA)可以简单描述为针对航空人员引发的人为失误的机构化调查程序。该程序的基本原理如图 8.4 所示[26]。

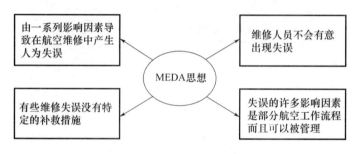

图 8.4　MEDA 思想

MEDA 的四个主要目标如下[27]。

● 突出显示航空维修中人为失误增加与效率降低的相关问题。

● 对于人员表现问题如何导致了人为失误的发生为航空维修组织提出更为透彻的理解。

● 为航路级维修人员提供调查维修失误事件的标准化机制。

● 为航空维修组织提供人为失误趋势分析的适当手段。

总而言之,MEDA 为与航空维修活动相关人员提供了一个五步骤处理程序,即事件、决策、调查、预防策略及反馈[25]。这些步骤与 MEDA 的其他信息在文献[25-27]中可以找到。

8.8　航空维修活动中减少人为失误的有用原则

在过去数年里,为减少在航空维修中的人为失误制定了许多指导原则。这些指导原则涵盖了许多领域,如图 8.5 所示[14,20]。

与设计领域有关的两个重要指导原则如下。

● 为了在设计阶段提供有效的需求信息,积极收集与维护阶段人为失误出现的相关信息。

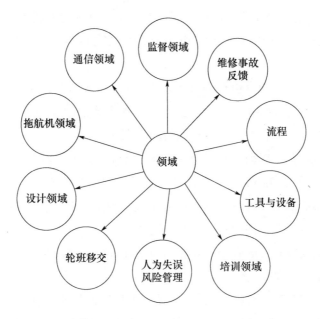

图 8.5　航空维修活动中减少人为失误的有用原则所涉及的领域

- 在设计阶段保证设备制造商对维修相关人为因素有足够的关注。

与工具和装备领域有关的两个重要指导原则如下。

- 对系统进行检查,保留诸如照明系统与支架之类的项目以便于对运行不可靠的装备进行拆卸以及进行快速修理。

- 确保所有停止运转的设备都在这样的存储状态下,即当它们被疏忽大意所遗漏时立刻会变得明显引人注意。

一些与风险管理有关的指导原则分别是避免在相似的冗余设备上同时执行同一个维修任务、对为了探测维修失误而在系统内置的防御物的效能进行正式检查(如发动机试车),以及查看是否需要干扰正常的系统操作来执行不必要的定期维修而这种干扰可能导致维修失误。

与通信领域有关的一项有用指导原则为确保适当的系统能够保持原来的状态以保证给所有维修相关成员播发重要的信息内容,所以对重复性失误或者程序变更要小心对待。

与培训领域有关的两个特别制导原则如下。

- 给所有维修人员提供定期的基础培训课程,重点在于公司流程。

- 为维修活动所涉及的人员介绍团队资源。

与流程有关的一些有用指导原则是确保在整个航空维修运行中遵循标准工

作规程,定期检查维修工作实践以确保没有与正式流程发生显著偏差,定期检查所有被记录的维护程序与工作实践并考察相关的可达性、一致性、真实性等内容。

与监督领域有关的一项有用指导原则是承认管理与监督相关的监视必须加强,特别是在所有变动中的最后时刻,当失误最可能发生的时候。

与维修事故反馈有关的两个特别指导原则如下。

● 确保向所有与培训活动有关的个体经常提供人为因素相关维修事件发生的正确反馈,以便于能够针对这些问题采取适当的调整措施。

● 确保经常给所有管理人员提供关于人为因素相关维修事件的有效反馈,因为这些情况对此类事件的发生具有推动作用。

与拖航机领域有关的有用指导原则为检查将维护设备拖曳往返于固定基点所用到的装备与程序。

最后,一个关于轮班移交的有用指导原则是确保与轮班移交有关的实践操作的有效性,要考虑到诸如通信与文件记录等因素,以便于未完成的任务在每次轮班时都能正确移交。

8.9   在航空维修中人为失误的案例研究

在过去数年里,发生在全世界的许多航空事故都直接或者间接地与维修失误有关。有三个此类事故简要描述如下。

8.9.1   大陆航空 Embraer120 事故

大陆航空 Embraer120 事故发生在 1991 年 9 月 11 日。由于左侧水平尾翼的前沿与飞机分离,大陆快运 Embraer120 航班坠毁在美国得克萨斯州,机上所有人员丧生[1,20,28]。一项关于此事故的调查报告描述了在事故前夜实施的一些维护工作,包括在飞机的 T 形尾部的左尾翼上表面拆掉一个螺丝。但是这个拆卸变动发生时,维护工作只是部分完成并且根本没有记录。

来换班的维修人员完全没有注意到未完成的维护工作,签字确认 Embraer120 返回服务。全国运输安全办公室(NTSB)在事故的最终报告中确定了在航线组织中维护程序实施不足。该事故的其他相关信息在文献[29]中可以找到。

8.9.2　中西部航空 Raytheon(湾流)1900D 事故

中西部航空 Raytheon(湾流)1900D 事故发生在 2003 年 1 月 8 日。中西部航空 Raytheon 1900D 飞机在起飞阶段无法进行俯仰控制,坠毁在北卡罗莱纳州,所有机上人员遇难(包括 19 名乘客与 2 名机组成员)。造成这起事故的原因有以下一些因素[28]。

* 承包商的质量管理检查人员完全没有发觉升降舵控制系统中使用了错误的传动装置。
* 操作人员的维护程序与工作记录等在维修站执行的任务缺少监督。
* 管理者缺少对操作人员维修程序的监督。

该事故的其他相关信息在文献[28]中可以找到。

8.9.3　英国航空公司 BAC1–11 事故

英国航空公司 BAC1–11 事故发生在 1990 年 6 月 10 日。英国航空公司 BAC1–11 飞机离开英国本土的伯明翰机场飞往西班牙,机上载有 81 名乘客及 6 名机组成员。当飞机爬升到 17300 英尺高度时,驾驶员座舱风挡玻璃突然爆裂。紧接着,机长从挡风玻璃爆开的孔里被吸到飞机外面[4]。副驾驶员立即重新获得了对飞机的控制,而其他机组成员抓住副驾驶员的脚踝直到飞机安全着陆。该事件的事后调查报告指出,事故的原因是更换挡风玻璃的维修人员用了错误的螺钉来安装。该事故的其他相关信息在文献[4]中可以找到。

8.10　问　题

1. 撰写一篇航空维修中人为失误的短文。
2. 列出至少五个关于航空维修中人为失误的实例与数据。
3. 航空维修中人为失误出现的直接或者间接的重要原因是什么?
4. 探讨航空维修与检查任务中人为失误的重要分类。
5. 航空维修中的常见人为失误是什么?
6. 描述失误原因消除计划。
7. 描述维修失误决策辅助(MEDA)。
8. 在航空维修的下列领域中减少人为失误的有效方针是什么?

* 工具和装备;

- 换班移交；
- 通信。

9. 讨论航空维修中涉及人为失误的两个案例研究。

10. 讨论因果图的好处。

参考文献

[1] Hobbs, A. , Williamson, A. , Human Factors in Airline Maintenance, *Proceedings of the Conference on Applied Psychology*, 1995, pp. 384 – 393.

[2] Shepherd, W. T. , The FAA Human Factors Program in Aircraft Maintenance and Inspection, *Proceedings of the 5 th Federal Aviation Administration(FAA) Meeting on Human Factors Issues in Aircraft Maintenance and Inspection*, June 1991, pp. 1 – 5.

[3] Shepherd, W. T. , Johnson, W. B. , Drury, C. G. , Beminger, D. , Human Factors in Aviation Maintenance Phase One: Progress Report, Report No. AM – 91/16, Office of Aviation Medicine, Federal Aviation Administration(FAA) , Washington, D. C. , November 1991.

[4] Report No. CAP718, Human Factors in Aircraft Maintenance and Inspection, Prepared by the Safety Regulation Group, Civil Aviation Authority, London, UK, 2002. Available from the Stationery Office, P. O. Box 29, Norwich, UK.

[5] Report No. DOC 9824 – AN/450, Human Factors Guidelines for Aircraft Maintenance Manual, International Civil Aviation Organization(ICAO) , Montreal, Canada, 2003.

[6] Kraus, D. C. , Gramopadhye, A. K. , Effect of Team Training on Aircraft Maintenance Technicians: Computer – BasedTraining Versus Instructor – BasedTraining, *International Journal of Industrial Ergonomics*, Vol. 27, 2001, pp. 141 – 157.

[7] Phillips, E. H. , Focus on Accident Prevention Key to Future Airline Safety, *Aviation Week and Space Technology*, 1994, Issue No. 5, pp. 52 – 53.

[8] Marx, D. A. , Learning from Our Mistakes: A Review of Maintenance Error Investigation and Analysis Systems (with Recommendations to the FA A) , Federal Aviation Administration(FAA) , Washington, D. C. , January, 1998.

[9] Marx, D. A. , Graeber, R. C. , Human Error in Maintenance, in *Aviation Psychology in Practice*, edited by N. Johnston, N. McDonald, and R. Fuller, Ashgate Publishing, London, 1994, pp. 87 – 104.

[10] Gray, N. , Maintenance Error Management in the ADF, *Touchdown (Royal Australian Navy)*, December 2004, pp. 1 – 4. Also available online at http//www. navy. gov. au/publications/touchdown/dec. 04/mainterr. html.

[11] Graeber, R. C. , Max, D. A. , Reducing Human Error in Aircraft Maintenance Operations, *Proceedings of the 46th Annual International Safety Seminar*, 1993, pp. 147 – 160.

[12] Latorella, K. A. , Prabhu, P. V. , A Review of Human Error in Aviation Maintenance and Inspection, *Interna-*

tiona Journa of Industrial Ergonomics, Vol. 26, 2000, pp. 133 – 161.

[13] Russell, P. D., Management Strategies for Accident Prevention, *Air Asia*, Vol. 6, 1994, pp. 31 – 41.

[14] Report No. 2 – 97, Human Factors in Airline Maintenance: A Study of Incident Reports, Bureau of Air Safety Investigation (BASI), Department of Transport and Regional Development, Canberra, Australia, 1997.

[15] Christensen, J. M., Howard, J. M., Field Experience in Maintenance, in *Human Detection and Diagnosis of System Failures*, edited by J. Rasmussen and W. B. Rouse, Plenum Press, New York, 1981, pp. 111 – 133.

[16] Wenner, C. A., Drury, C. G., Analyzing Human Error in Aircraft Ground Damage Incidents, *International Journal of Industrial Ergonomics*, Vol. 26, 2000, pp. 177 – 199.

[17] Report No. 93 – 1, Investigation of Human Factors in Accidents and Incidents, International Civil Aviation Organization, Montreal, Canada, 1993.

[18] Dhillon, B. S., *Human Reliability: With Human Factors*, Pergamon Press, New York, 1986.

[19] Prabhu, P., Drury, C. G., A Framework for the Design of the Aircraft Inspection Information Environment, *Proceedings of the 7th FAA Meeting on Human Factors Issues in Aircraft Maintenance and Inspection*, 1992, pp. 54 – 60.

[20] Dhillon, B. S., *Human Reliability and Error in Transportation Systems*, Springer – Verlag, London, 2007.

[21] Maintenance Error Decision Aid (MEDA), Developed by Boeing Commercial Airplane Group, Seattle, Washington, 1994.

[22] Allen, J. P., Rankin, W. L., A Summary of the Use and Impact of the Maintenance Error Decision Aid (MEDA) on the Commercial Aviation Industry, *Proceedings of the 48th Annual International Air Safety Seminar*, 1995, pp. 359 – 369.

[23] Besterfield, B. S., *Quality Control*, Prentice Hall, Upper Saddle River, NJ, 2001.

[24] Swain, A. D., An Error – Cause Removal Program for Industry, *Human Factors*, Vol. 12, 1973, pp. 207 – 221,

[25] Rankin, W., MEDA Investigation Process, *Aero Quarterly* (Boeing. com/commercial/ aero magazine), Vol. 2, No. 1, 2007, pp. 15 – 22.

[26] Rankin, W. L. Allen, J. P., Sargent, R. A., Maintenance Error Decision Aid: Progress Report, *Proceedings of the 11th FAA/AAM Meeting on Human Factors in Aviation Maintenance and Inspection*, 1997, pp. 19 – 24.

[27] Hibit, R., Marx, D. A., Reducing Human Error in Aircraft Maintenance Operations with the Maintenance Error Decision Aid (MEDA), *Proceedings of the Human Factors and Ergonomics Society 38th Annual Meeting*, 1994, pp. 111 – 114.

[28] Kanki, B. G., Managing Procedural Error in Maintenance, *Proceedings of the International Air Safety Seminar* (*IASS*), 2005, pp. 233 – 244.

[29] Report No. 92/04, Aircraft Accident Report on Continental Express, Embraer 120, National Transportation Safety Board (NTSB), Washington, D. C., 1992.

第9章 发电厂维修中的人为失误

9.1 引　言

维修维护是发电厂中重要且必要的活动,而且耗费了能源生产的巨额资金。维修中的人为失误已经被认为是导致能源生产安全相关事故的重要因素[1]。一项关于可靠性问题相关事件的研究,主要关注核电厂中的电气/电子元件。该研究揭示维修人员与技师发生人为失误超过了操作员的失误,且大约有 3/4 的失误都发生在测试与维修活动中[1,2]。而且根据文献[1,3],在试验与维修中发生的失误比在运行中发生的失误更容易导致核电厂的堆芯熔化。

维修失误的成本可能会非常高,包括恢复成本与机会成本。维修失误会对装备造成损害影响,大大减少它的使用寿命,并且可能导致对人身安全的潜在危险。由于潜在严重后果诸如系统功能与公众安全,能源生产维修任务中人为失误的预防得到了越来越多的关注。

本章介绍了多个发电厂维修中人为失误的各个重要方面。

9.2　事实与数值

一些直接或者间接与发电厂人为失误有关的事实、数值与案例如下。

- 一项研究报告指出在矿物燃料发电厂中所有系统故障中超过 20% 的故障原因是人为失误与维修错误,并且每年度企业生产能耗损失的大约 60% 是由人为失误造成的。

- 许多研究报告在能源生产中调查遇到的问题中有 55% ~ 65% 与维修相关活动有关[5,6]。

- 一项考察核电站沸水反应堆(BWR)的研究涵盖了从 1992 年到 1994 年的 4400 余件维修历史记录。该研究发现所有的故障记录中大约 7.5% 可以归类为与维修行为相关的人为失误[7,8]。

- 一项研究表明,从 1965 年到 1995 年间发生在日本核电站的 199 个人为失误中大约有 50% 与维修活动有关[9]。
- 一项研究涵盖了在 1990 年中核发电领域内 126 起人为失误相关的严重事故,研究报告指出所发生事故的 42% 与维护和修复有关[5]。
- 1989 年圣诞节,两座核反应堆由于维修错误被关闭,导致佛罗里达州多次大停电[10]。
- 密歇根州 Dearborn 的 Rouge 发电厂的爆炸,导致了六名工人丧生以及多名人员受伤,其原因就是一个维修错误[11,12]。
- 一项关于核电站运行经验的研究揭示了由于在连杆传动系统中某个发动机的维修失误,出现了这样的故障即许多活塞发动机运行时在连杆本该插入时方向相反,反而抽回连杆[13]。

9.3　发电厂维修中人为失误的原因

发电厂维修中人为失误的发生有许多种原因。基于对维修任务建模后获得的特征信息,发电厂的失误原因可以分为四个重要的类型,如图 9.1 所示[1]。

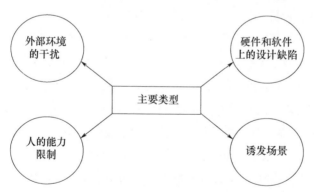

图 9.1　能源生产企业维修中失误原因的主要分类

硬件和软件上的设计缺陷分类包括显示与控制设计不足、通信设备不充足以及错误程序或者难理解的程序等。

人的能力限制分类的一个案例如在内部控制机制上短期记忆容量受限。

外部环境的干扰分类有一些重要的案例,如湿度、通风、环境光照、温度等物理条件。

由其他因素引发的状况分类包括短时间注意力分散、可能导致故障的错误通信、突发事件状况。

一项关于发电厂中与维修错误有关的严重事故与事件报道的研究按照事故出现的频率从大到小确定了下列原因要素[14,15]。

- 有缺陷的程序。
- 维修装备注明与标记的问题。
- 设备设计上的缺点。
- 人员与装备移动中的问题。
- 缺乏培训。
- 粗劣的部件与装备识别标志。
- 工具设计上的问题。
- 缺乏工作实践。
- 不利的环境因素。
- 维修人员犯错。

"有缺陷的程序"是事故报告中最常见的明显原因,它包括错误的程序、程序未完成、缺少特征限定、没有遵循指定程序。有缺陷的程序的案例是"由于拙劣的判断且没有遵循既定的正确方针,地线被遗留在短路开关上。当装备结束维修返回工作时,断路器爆炸并且导致损害扩散。"在这个案例里,正确的程序本应该要求在将断路器返修完毕前清除地线。

"维修装备注明与标记问题"是列入严重事故或潜在严重事故的案例报告中第二常见的原因,这些事故都是与装备标注程序的故障和失误有关。

"装备设计上的缺点"是与装备设计相关的事故与接近事故的第三常见原因。此因素包括装备没有防止错误备件被替换安装的机械防护措施设计、装备从一开始就安装错误、装备部件的安装位置难以接近以及设计粗劣且不可靠的部件。

"人员与装备移动中的问题"是第四常见的原因。这些问题基本上可以归因于有效载重能力不足或者在移动装备重物时无法使用适当的运输工具。

"缺乏培训""粗劣的装备与装备识别标志"以及"在工具设计上的问题"是第五常见的原因。"缺乏培训"这个原因基本上与维修人员对工作不熟悉或者维修人员对与工作有关联的系统特性及潜在危险缺乏意识。"粗劣的装备与单元识别标志"导致的事故数量让人意外得多,常见的问题是对两个相同的项目发生混淆与对潜在危险有时不能正确辨别。"工具设计上的问题"也会导致事故。其中有一些案例是在维修活动中的修理人员、装备或者运输辅助工具缺乏足够间距,而且工具尺寸不适当导致设备系统过于紧密地包装并且妨碍了修理或者检查任务的实际效果。

"缺乏工作实践"是第六常见的原因。缺乏工作实践的案例包括没有等到操作员完全完成开关动作、没有标记需要倍加关注的且可能导致系统损毁的任务、没有花费时间架设脚手架来保证空中实施的项目安全进行。

"不利的环境因素"和"维修人员犯错"是第七常见（或者是最少见）的原因。"不利的环境因素"包括在有外在威胁的环境中穿戴防护服与佩戴防护设备会因此限制人员的移动能力与视野、在放射性的环境中有尽量少停留时间的要求所以变相鼓励了仓促工作。"维修人员犯错"是所有失误中的一小部分，而这些失误是难以预期与难以在发电厂设计阶段就考虑到的。

以上所有原因的其他相关信息都可以在文献[14]中找到。

9.4　能源生产中对人为失误最为敏感的维修任务

20 世纪 90 年代，日本电力行业中央研究所（CRIEPI）与美国的电力研究所进行了一项联合研究，研究内容是关于确定关键维修任务，旨在关于开发、应用及评估介入能够尽大可能地减少人为失误的发生或者增强核电站的维修能力。

作为这项研究的结果，确定了五类对人为失误发生最敏感的维修任务，如图 9.2 所示[16]。它清楚地说明为了减少或者消除人为失误的发生，在执行这样的任务时倍加小心是必需的。

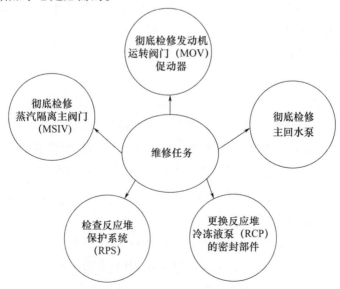

图 9.2　最易导致人为失误的维修任务

9.5　能源生产中的运行维修失误分析方法

在过去数年里,开发了许多方法或者模型用于执行能源生产中的维修失误分析。这些方法中有三个如下所示。

9.5.1　故障树分析

故障树分析是一个在工业部门中广泛应用的方法,以执行各式各样的可靠性相关分析[17,18]。

本方法在第4章中详细描述过。它在能源生产领域内维修失误分析的应用已经被下列案例所证明。

案例9.1

假设一台发电厂设备由于维修失误导致故障。维修失误可以由四个因素引起:糟糕的工作环境、粗心大意、粗糙简劣的装备设计、使用不完整的维修保养手册。糟糕的工作环境有两个主要因素,即光照不足或者注意力分散。相似地,粗劣的装备设计的三个因素是疏忽、对设计任务书的错误理解或者对设计任务书中维修失误的发生没有认真考虑。最后,粗心大意的两个因素分别是缺乏培训或者时间约束。

使用第4章给出的故障树符号绘制一个故障树,其顶事件为"发电厂由于维修失误引起设备故障"。

此例中的故障树如图9.3所示。

案例9.2

如图9.3所示,假设事件 $E_1,E_2,E_3,\cdots,E_g$ 作为独立事件的发生概率为0.01,计算顶事件 T(即发电厂由于维修失误引起的设备故障)的发生概率,以及中间事件 I_1(即粗心大意)、I_2(即粗劣的装备设计)和 I_3(即糟糕的工作环境)的发生概率。

根据第4章与文献[17,18],以及给定的数值,得到 I_1、I_2、I_3 与 T 的值如下。

事件 I_1 的发生概率为

$$P(I_1) = P(E_4) + P(E_5) - P(E_4)P(E_5)$$
$$= 0.01 + 0.01 - (0.01)(0.01) \tag{9.1}$$
$$= 0.0199$$

式中:$P(I_1)$、$P(E_4)$、$P(E_5)$ 分别为事件 I_1、E_4 与 E_5 的发生概率。

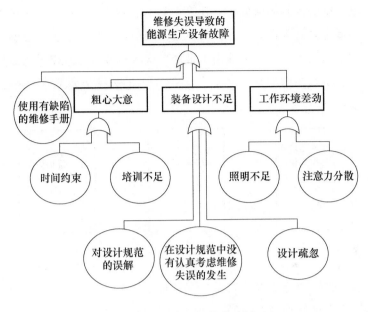

图 9.3　案例 9.1 的故障树

事件 I_2 的发生概率为

$$P(I_2) = 1 - \{1 - P(E_1)\}\{1 - P(E_2)\}\{1 - P(E_3)\}$$
$$= 1 - \{1 - 0.01\}\{1 - 0.01\}\{1 - 0.01\} + 0.01 - (0.01)(0.01) \quad (9.2)$$
$$= 0.0297$$

式中:$P(I_2)$、$P(E_1)$、$P(E_2)$、$P(E_3)$ 分别为事件 I_2、E_1、E_2 和 E_3 的发生概率。

事件 I_3 发生的概率为

$$P(I_3) = P(E_6) + P(E_7) - P(E_6)P(E_7)$$
$$= 0.01 + 0.01 - (0.01)(0.01) \quad (9.3)$$
$$= 0.0199$$

式中:$P(I_3)$、$P(E_6)$、$P(E_7)$ 分别为事件 I_3、E_7 和 E_7 的发生概率。

通过应用上述计算值以及给定数值,及第 4 章与文献内容[17,18],可知

$$P(T) = 1 - \{1 - P(E_8)\}\{1 - P(I_1)\}\{1 - P(I_2)\}\{1 - P(I_3)\}$$
$$= 1 - (1 - 0.01)(1 - 0.0199)(1 - 0.0297)(1 - 0.0199) \quad (9.4)$$
$$= 0.0772$$

因此,事件 T、I_1、I_2 与 I_3 的发生概率分别是 0.0772、0.0199、0297 与 0.0199。

9.5.2　马尔可夫方法

马尔可夫方法是待修复工程系统中实施可靠性分析的广泛应用方法,可用

于执行发电厂中的维修失误分析。在第4章中描述到该方法。马尔可夫方法在电力生产领域中维修失误分析方面的应用已经被如下数学模型所证明。

该数学模型表示了一个可能由于维修失误故障或者非维修失误故障的发电厂系统。系统状态图如图9.4所示[19]。方框内的数字表示系统状态。模型中有下列假设：

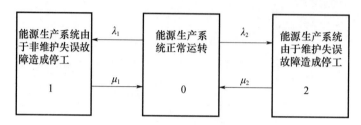

图9.4　系统状态空间图

- 系统维护错误与非维护失误故障率都是常数。
- 故障系统被修理,修理好的系统与新系统一样好用。
- 故障系统修复率为常数。

该模型中使用的符号如下所示。

i 为系统状态;当 $i=0$ 时发电厂系统运行正常。

当 $i=1$ 时发电厂系统由于非维修失误导致故障。

当 $i=2$ 时发电厂系统由于维修失误导致故障。

$P_i(t)$ 为发电厂系统在时间 t 时状态 i 下的概率, $i=0,1,2$。

λ_1 为发电厂系统常数非维修失误故障率。

μ_1 为发电厂系统常用修复率(从状态1到状态0)。

λ_2 为发电厂系统常用维修失误率。

μ_2 为发电厂系统常用修复率(从状态2到状态0)。

通过应用在第4章中描述的马尔可夫方法,根据图表得

$$\frac{\mathrm{d}P_0(t)}{\mathrm{d}t} + \lambda_1 + \lambda_2 P_0(t) = \mu_1 P_1(t) + \mu_2 P_2(t) \tag{9.5}$$

$$\frac{\mathrm{d}P_1(t)}{\mathrm{d}t} + \mu_1 P_1(t) = \lambda_1 P_0(t) \tag{9.6}$$

$$\frac{\mathrm{d}P_2(t)}{\mathrm{d}t} + \mu_2 P_2(t) = \lambda_2 P_0(t) \tag{9.7}$$

当 $t=0$ 时, $P_0(0)=1, P_1(0)=0, P_2(0)=0$。

解式(9.5)~式(9.7),得

$$P_0(t) = \frac{\mu_1\mu_2}{x_1x_2} + \left[\frac{(x_1+\mu_2)(x_2+\mu_1)}{x_1(x_1-x_2)}\right]e^{x_1t} - \left[\frac{(x_2+\mu_2)(x_2+\mu_1)}{x_2(x_1-x_2)}\right]e^{x_2t} \quad (9.8)$$

其中

$$x_1,x_2 = \frac{-\beta \pm \sqrt{\beta^2 - 4(\mu_2\mu_1 + \lambda_2\mu_1\lambda_1\mu_1)}}{2} \quad (9.9)$$

$$\beta = \mu_2 + \mu_1 + \lambda_1 + \lambda_2 \quad (9.10)$$

$$x_1x_2 = \mu_1\mu_2 + \lambda_2\mu_1 + \lambda_1\mu_2 \quad (9.11)$$

$$x_1 + x_2 = -(\mu_2 + \mu_1 + \lambda_2 + \lambda_1) \quad (9.12)$$

$$P_1(t) = \frac{\lambda_2\mu_1}{x_1x_2} + \left[\frac{\lambda_1x_1 + \lambda_1\mu_2}{x_1(x_1-x_2)}\right]e^{x_1t} - \left[\frac{(\mu_2+x_2)\lambda_2}{x_2(x_1-x_2)}\right]e^{x_2t} \quad (9.13)$$

$$P_2(t) = \frac{\lambda_1\mu_2}{x_1x_2} + \left[\frac{\lambda_1x_1 + \lambda_1\mu_2}{x_1(x_1-x_2)}\right]e^{x_1t} - \left[\frac{(\mu_2+x_2)\lambda_1}{x_2(x_1-x_2)}\right]e^{x_2t} \quad (9.14)$$

当 t 变得非常大时,从式(9.8)、式(9.13)与式(9.14)中分别可得下列稳定状态概率方程:

$$P_0 = \frac{\mu_1\mu_2}{x_1x_2} \quad (9.15)$$

$$P_1 = \frac{\lambda_2\mu_1}{x_1x_2} \quad (9.16)$$

以及

$$P_1 = \frac{\lambda_1\mu_2}{x_1x_2} \quad (9.17)$$

式中: P_0、P_1、P_2 分别为发电厂系统在状态 0、1、2 时的稳定状态概率。其中式(9.15)也称为系统稳定状态有效性等式。

案例9.3

假设对于发电厂系统有以下数据:

$\lambda_1 = 0.006$ 次故障/h

$\lambda_1 = 0.001$ 个失误/h

$\mu_1 = 0.04$ 次修理/h

$\mu_2 = 0.02$ 次修理/h

计算系统由于维修失误发生故障的稳定状态概率。将给定的数值代入式(9.17),得

$$P_2 = \frac{\lambda_1\mu_2}{x_1x_2} = \frac{\lambda_1\mu_2}{(\mu_1\mu_2 + \lambda_2\mu_1 + \lambda_1\mu_2)}$$

$$= \frac{(0.006)(0.02)}{[(0.04)(0.02) + (0.001)(0.04) + (0.006)(0.02)]}$$

$$= 0.1259$$

因此发电厂系统由于维修失误发生故障的稳定状态概率为 0.1259。

9.5.3　维修人员表现仿真模型

维修人员表现仿真(MAPPS)模型是一项由橡树岭国家实验室(Oak Ridge)开发的用电子计算机处理的、随机的、面向任务的人类行为模型,为核电厂(NPP)维修人力性能测度提供评估[20]。它是由美国核管理委员会(NRC)资助开发完成的。开发 MAPPS 的主要目的是为了用来实行概率风险评价(PRA)研究以及应对 NPP 维修活动中人的可靠性相关数据存储缺乏。

由 MAPPS 评估的绩效标准包括所关注任务成功完成的概率、任务持续时间、失误未被发现的概率、在任务执行过程中维修团队压力曲线以及标识导致失误最大可能与导致失误最小可能的子元件。勿须赘言,MAPPS 模型是评估重要维修参数的有力工具,并且具备相当的灵活性,可应用于各种 NPP 维修活动中。

MAPPS 模型的其他相关信息在文献[20]中可以找到。

9.6　在电力生产中维修程序改进步骤与电力生产维修中人为失误减少与预防的指导原则

过去经验表明,电力生产中维修程序的改进有助于减少操作中的失误并增加相应的设备可靠性。通常维护程序的升级可以通过下列步骤来完成[21]。

• 步骤 1:在考虑诸如用户输入与程序的相对重要性之类的因素后选择一项程序进行升级。

• 步骤 2:检查关于诸如设备命名、公差、实验设备要求、约束、步骤顺序、必备条件与预防措施等程序。

• 步骤 3:检查程序是否与其开发指导原则一致。

• 步骤 4:对程序进行预先审定以确定其可用性。

• 步骤 5:基于步骤 2、3、4 得出的结论,重新修订程序。

• 步骤 6:从技术精确性方面及与"程序开发指南"的一致性等方面对修订好的程序进行检查。

• 步骤 7:由负责执行程序的人来评估修订后程序的可用性。

● 步骤8：合适的监督管理人员批准程序进行升级。

升级后的维护程序可以做出许多贡献，包括更少的人为失误、对所需培训的确认、对理想的工厂改进效果的确认、更加高涨的员工士气以及更好的单元可靠性[21]。

发电厂内维护程序改进的其他相关信息可在文献[21]中找到。

在过去数年里，提出了许多为减少与阻止电力生产维修中人为失误发生的原则。其中四个指导原则如下[1]。

● 为所有相关维修人员修订培训计划。这个原则基本上意味着维修人员的培训计划应当依照各个外部原因的出现频率特征来修订。

● 改善设计缺陷。由于设计上的缺陷可以减少对任务的关注度，甚至引起人为失误，该原则要求改善各个方面的缺陷，标签、编码、工厂布局以及工作环境等。

● 更彻底地执行管理策略。该原则的主要的意思是促使维修人员能够更准确的遵照指定的质量控制程序。

● 为维修人员制定合适的工作安全清单。这意味着应该给维修人员提供工作安全清单。该清单可以用于确定人为失误事件的概率与在维修任务实施前或者之后可能影响他们行为的因素。

以上这四条方针的补充信息可在文献[1]中找到。

9.7 问　题

1. 写一篇关于发电厂维修中人为失误的短文。

2. 论述至少四个与发电厂人为失误有关的事件与数字。

3. 发电厂维修中发生失误的主要原因是什么？

4. 论述对人为失误最为敏感的发电厂维修任务。

5. 使用式(9.5)~式(9.7)证明式(9.8)、式(9.13)和式(9.14)。

6. 证明式(9.8)、式(9.13)和式(9.14)的和等于整数。

7. 描述维修人员表现仿真(MAPPS)模型。

8. 发电生产中改进维护程序所用的步骤是什么？

9. 论述至少三个在发电厂维修中减少与预防人为失误的有用原则。

10. 按照出现频率从大到小列出10个严重事故和被报道事故的原因，这些原因直接或者间接地与发电厂维修中人为失误发生有关。

参考文献

［1］ Wu,T. M. ,Hwang,S. L. ,Maintenance Error Reduction Strategies in Nuclear Power Plants,Using Root Cause Analysis,*Applied Ergonomics*,Vol. 20,No. 2,1989,pp. 115 – 121.

［2］ Speaker,D. M. ,Voska,K. J. ,Luckas,W. J. ,Identification and Analysis of Human Errors Underlying Electric/Electronic Component Related Events,Report No. NUREG/ CR – 2987,Nuclear Power Plant Operations,United States Nuclear Regulatory Commission,Washington,D. C. ,1983.

［3］ WASH – 1400(NUREG –75/014) ,Reactor Safety Study,Report prepared by the United States Nuclear Regulatory Commission(NRC) ,Washington,D. C. ,1975.

［4］ Daniels,R. W. ,The Formula for Improved Plant Maintainability Must Include Human Factors,*Proceedings of the IEEE Conference on Human Factors and Nuclear Safety*,1985,pp. 242 – 244.

［5］ Reason,J. ,Human Factors in Nuclear Power Generation:A Systems Perspective,*Nuclear Europe Worldscan*,Vol. 17,No. 5 – 6,1997,pp. 35 – 36.

［6］ An Analysis of 1990 Significant Events,Report No. INPO 91 – 018,Institute of Nuclear Power Operations (INPO) ,Atlanta,GA,1991.

［7］ Pyy,P. ,An Analysis of Maintenance Failures at a Nuclear Power Plant,*Reliability Engineering and System Safety*,Vol. 72,2001,pp. 293 – 302.

［8］ Pyy,P. ,Laakso,K. ,Reiman,L. ,A Study of Human Errors Related to NPP Maintenance Activities,*Proceedings of the IEEE 6th Annual Human Factors Meeting*,1997,pp. 12. 23 – 12. 28.

［9］ Hasegawa,T. ,Kameda,A. ,Analysis and Evaluation of Human Error Events in Nuclear Power Plants,Presented at the Meeting of the IAEA'S CRP on "Collection and Classification of Human Reliability Data for Use in Probabilistic Safety Assessments," May 1998. Available from the Institute of Human Factors,Nuclear Power Engineering Corporation,3 – 17 – 1,Toranomon,Minato – Ku,Tokyo,Japan.

［10］ Maintenance Error a Factor in Blackouts,*Miami Herald*,Miami,FL,December 29,1989,p. 4.

［11］ The UAW and the Rouge Explosion:A Pat on the Head,*Detroit News*,Detroit,MI,February 6,1999,p. 6.

［12］ White,J. ,New Revelations Expose Company – Union Complicity in Fatal Blast at US Ford Plant. Available online at http://www. wsws. org/articles/2000/feb2000/ford – f04. shtml.

［13］ Nuclear Power Plant Operating Experiences,from the IAEA/NEA Incident Reporting System 1996 – 1999,Organization for Economic Co – operation and Development(OECD) ,Paris,2000.

［14］ Seminara,J. L. ,Parsons,S. O. ,Human Factors Review of Power Plant Maintainability,Report No. NP – 1567 (Research Project 1136) ,Electric Power Research Institute,Palo Alto,CA,1981.

［15］ Seminara,J. L. ,Parsons,S. O. ,Human Factors Engineering and Power Plant Maintenance,*Maintenance Management International*,Vol. 6,1985,pp. 33 – 71.

［16］ Isoda,H. ,Yasutake,J. Y. ,Human Factors Interventions to Reduce Human Errors and Improve Productivity in Maintenance Tasks,*Proceedings of the International Conference on Design and Safety of Advanced Nuclear Power Plants*,1992,pp. 34. 4 – 1 to 34. 4 – 6.

[17] Dhillon,B. S. ,Singh,C. ,*Engineering Reliability: New Techniques and Applications*,John Wiley and Sons, New York,1981.

[18] Dhillon,B. S. ,*Human Reliability:With Human Factors*,Pergamon Press,Inc. ,New York,1986.

[19] Dhillon,B. S. ,*Engineering Maintenance:A Modem Approach*,CRC Press,Boca Raton,FL,2002.

[20] Knee,H. E. ,The Maintenance Personnel Performance Simulation(MAPPS)Model:A Human Reliability A-nalysis Tool,*Proceedings of the International Conference on Nuclear Power Plant Aging,Availability Factor and Reliability Analysis*,1985,pp. 77 – 80.

[21] Herrin,J. L. ,Heuertz,S. W. ,Improving Maintenance Procedures:One Utility's Perspectives,*Proceedings of the IEEE Conference on Human Factors and Power Plants*,1988,pp. 373 – 377.

第 10 章　工程维修的安全

10.1　引　言

每年全世界有亿万美元花费在维持工程系统功能有效上。工程维修中的安全问题已经变得非常重要,因为在工业行业中处处可见于维修相关的事故发生。例如,1994 年,在英国大约有 14% 的矿业事故与维修活动有关[1]。自 1990 年起,此类事故的发生开始变得越来越多[1]。

工程维修领域的安全问题要求不但要确保维修人员的人身安全,还要确保所采取行动的安全。工程维修行动存在着许多特别的职业危险,包括升到高处的任务或者使用很可能发生机械或电力能量释放的设备/系统。

总而言之,工程维修必须争取控制或者根除潜在危险以确保对人员与物资的正确保护,这些危险包括触电、高分贝噪声、毒气源、移动机械装置和火灾辐射源[2,3]。

本章介绍了在工程维修中安全的多个重要方面。

10.2　事实、数值与案例

一些与维修安全直接或者间接有关的重要事实、数值和案例展示如下。

- 1993 年,美国大约有 10000 起工作导致的死亡事故[1]。
- 1998 年,美国大约有 380 万个劳动者因工作致残[1,4]。
- 1994 年,在美国矿业行业中大约有 14% 的事故与维修行为有关[1,2]。
- 1998 年,美国工伤花费总额大约有 1250 亿美元[1,2,4]。
- 一项在 1982—1991 年间关于全世界喷气式飞机机上事故的安全问题研究报告指出,对于 1481 起机上事故来说维修与检查是第二重要的因素[5,6]。
- 1985 年,520 人在日本航空波音 747 发动机事故中丧生,事故原因是错误的修理[7,8]。
- 1991 年,美国路易斯安娜州的一座炼油厂爆炸导致了四名工人丧生。三个汽油合成单元经过修理后开始进入它们的操作状态,然后就发生了爆炸[9]。

• 1990 年,美国海军船只 LPH 直升机降落平台 2 号(IwoJima)上由于维修人员修理阀门时使用了错误的备件更换锅炉机罩钩扣,导致蒸汽泄漏,致使 10 人丧生[10]。

• 1979 年,芝加哥机场 DC - 10 飞机事故,由于维修工人采用了错误的程序,导致 272 人丧生[11]。

10.3　维修安全问题的缘由及对维修活动中的安全信誉造成影响的因素

在过去数年里,已经识别出多种多样的安全问题。其中一些重要原因是缺乏安全标准、简陋的工作环境、差劲的工作机具、缺乏维修人员相关培训、过于简单的写入指令和程序、管理不足以及执行必要维修任务的时间不够[2,4]。

有许多因素可使得维修活动安全信誉变得不可靠。其中有一些如下所示[12]。

• 在诸如空气管道、压力容器与大型机械旋转设备内部或者下面所进行的维修活动。

• 参与到维修维护任务中的人员保持有效通信的困难。

• 对于突发性维护工作需要适当的简短准备。

• 拆卸过往操作设备,会导致任务遭受储能释放的风险。

• 在边远地区、零散时间、少数人员情况下发生的维修活动绩效。

• 当需要从存储地向维修场所运送沉重且硕大的物体时,有时使用在严格的维修体系之外的方法,如电梯与运输设备。

• 在不熟悉的环境或者区域实施的维护工作有可能出现完全没有注意到的危险,如丢失的栅栏、生锈的栏杆以及坏掉的灯具。

• 维修活动有时需要在照明条件很差与空间局限的区域执行诸如拆卸被腐蚀的零件或者对人工难以操作的承重单元进行处理等维修任务。

• 许多维修任务(如设备的错误使用)频繁实施,因此缺乏辨别安全问题与启动适当补救措施的时机。

10.4　维修人员安全行为与安全文化的影响因素

维修人员的安全表现与安全文化受到许多因素影响。例如,在铁路行业维修工人的安全行为与安全文化一些影响因素如下[13]。

- 简陋且未充分使用的实时风险评定技术。
- 工作中的通信(通信质量差与过度通信)。
- 对于什么是"安全"的个体观念。
- 管理人员的通信方法。
- 从管理人员方面得到的反馈信息。
- 物理状态。
- 检查人员的视野可见程度与检查时所能到达的程度。
- 行政工作的量级。
- 报告的方法。
- 装备(使用条件、适合程度和可利用性)。
- 特长能力与资格证明。
- 疲劳、注意力集中度以及操作能力。
- 来自同伴的压力。
- 符合规则的实际可选备案。
- 前后不一致的团队。
- 互相矛盾的规则。
- 工作规则手册的可被感知的目的。
- 规定的宣传与传播。
- 培训方法与培训需求分析。
- 安全角色模型行为。
- 行政工作的可被感知的目标。
- 作业准备前信息的扩散与传播。
- 工作规则手册的可用性与有效性。
- 当地生活带来的社会压力。

10.5　在维护工作过程中与安全相关的良好案例及与机器有关的涉及维修安全的措施

　　由于存在各式各样的危险,在维修工作实施之前、操作过程中以及完成以后遵守安全的操作经验非常重要。在维修工作的任意一个阶段如果没有遵守安全的操作经验都可能导致潜在的危险状况。在维修工作过程中需要遵循的四个良好操作经验如下[14]。

1. 在设计的过程中就要做好维修的准备

这意味着维修工作的准备阶段实际上开始于设备的设计过程中,要确保在适当的位置有适当的指示器从而使得调试测试与故障诊断工作更有效。而且设备从设计阶段就需要精心考虑,使得在维修活动之前能够轻松通过与安全相关的正常标准检查。

更准确地,设备在设计时就要满足以下要求,所有恰当的安全措施与防护设备都各居其位,而且能够有效地对该设备进行排空、清洗、隔离、分析等工作。

2. 为维修工作培训所有的工作人员

维修活动通常有可能涉及容纳有害物质的设备,在其运行过程中进行打开操作。因此,对于此类设备进行维修工作操作之前进行必要的预防措施非常重要,以确保设备处于完全没有残积物质的状态,而且温度与压力都在安全范围。通常在维修维护前,工作人员都要对其做好准备工作的设备与那些在线运行维护状态的设备并不相同。

在这种情形下,对所有的工作人员(即那些为设备维修做准备工作的人员与那些实施维修操作的人员)进行培训是非常必要的。

3. 突出强调所有潜在的危险与预先设置好行之有效的预案

当维修工作按照周密的预案计划开展,进行有效的设备隔离操作时,正确的实施计划是不可替代的。而且良好的实践操作原则也清楚地表明了在计划实施的整个过程中识别出所有的潜在危险,比在紧张的作业实施过程中识别更有效。

总而言之,确保所关注的设备能够切实远离各种类型的潜在危险,以及确保所有安全预防措施都能行之有效地实施。当发生流程不能行之有效地进行或者安全预防措施不能彻底地实施时,在这样的情况下就不能再继续进行下一步骤,除非进行了有效的危险评估与一系列的安全标准测定。

4. 未雨绸缪的预案计划

本内容主要涉及情况有:当现有的处理程序发生改变时,对维修活动的可能效果进行分析。随着对操作运行受到影响与干扰的程度进行判断,处理程序的管理必须对以下问题进行谨慎评估:维修的次数是需要更加频繁还是相应减少?维修人员是否有可能因为这个变化而遇到更大的风险?这个变化对以后所有可能的维修相关活动造成多大的影响?

在过去数年里,安全领域的专家努力工作,发现了多种可以在作业机器周围进行观测的安全措施,特别是在与维修有关活动中可以使用。过去经验表明,这些措施的应用再加上精心的计划实施能够有效地减少机器事故与机器损伤的发生。以下与维修相关的安全措施已经被证明非常有效[15]。

• 所有类型的设备都正确装配了适合尺寸安全阀门、对非正常运行状态有报警指示以及超速保险开关。

• 机械加工设备的可动部件在没有遮蔽的情况下周围要有适当的防护装置。

• 带有适当防护装置的脚手架、棚架以及扶梯。

• 安全靴、帽子、手套和衣服。

• 诸如手提式电钻、碎木机以及电动机等设备应该正确接好地线,防止维修工人与其他人员不小心接触到机器设备上损坏的线缆。

• 设备设计工作应预先考虑为确保极端环境下的安全操作并留出的一定水平的安全限度。

• 切割与研磨工作时使用安全工具与保护眼睛的护目镜。

• 所有类型的电气设备都要根据通用的验证编码进行安装。

10.6　工程设备制造商的维修安全相关问题

通过对在维修活动过程中可能碰到的常见故障进行有效的定位,技术设备制造商在设备现场应用时提高维修安全性扮演着关键的角色。下列问题对设备制造商来说非常有用,有助于确定是否能够正确定位在设备维修活动过程中可能遭遇的常见故障[16]。

• 是否所有的测试点都设置在容易查找并方便抵达的位置?

• 对于维修频次需求比较高的元器件是否随时都处于容易拆卸的状态?

• 对维护与维护工作是否有可用的有效书面指南?

• 维修时设备拆卸下来的部件是否可能被错误地重新装配?而被错误装配的设备可能对每个潜在使用者都是有危害的。

• 人为因素原则是否被正确应用并减少了维护方面的问题?

• 对于所有与维修有关的工作人员来说修理程序是否危险?

• 修理指南中是否包含了有效的警示以对于即将发生的危险来使用有效的工具?

• 警示标志是否放置在适当的位置,可以让维修人员受到警告?

- 为了将关键部件的维修安全降到最低水平是否需要特殊的专用工具？
- 是否有合适可用的系统能将有危害的液体从待维修的设备或者系统中清除出来？
- 设备是否带有合适的安全互锁装置？这些安全互锁装置在实施某些必要的维修与校准时可以绕过执行。
- 设备与系统是否以这样的方式来设计，即发生故障以后设备或者系统能够自动停止运行同时能够防止任何损害的发生？
- 设备是否包含适当的机内嵌入式系统以指示哪些与安全有关的关键部件需要维修？
- 指南中是否包含对处于各种风险中的维修人员起到提醒告知作用的警告？
- 当有安全有关的重要系统的备用部件发生故障时，是否安装了适当的用来指示的机械装置？
- 是否为了减少维修工人面临的风险，给出正确的标识来将电压降低到测试点对应的量程？

10.7　为提高维修安全在工程设备设计中的指导原则

在过去数年里，基于对提高维修安全的效用考虑，维修领域的专家们为工程设备设计人员制定了各种各样的指导原则。其中一些指导原则如下[16]。
- 密切关注典型的人类行为并且清除或者减少对专用工具的需求。
- 安装适当的互锁装置，为运动部件提供有效的防护，阻挡其出现在危险区域的可能性。
- 以将维修错误发生概率降到最低为目的开发设计或者制定工艺流程。
- 为了实现可达性的设计，需要维修的零件容易且安全地检查、替换、维护或者清除。
- 设计有效的故障安全一体化保险装置，用来防止在故障事件中发生设备损害或者人身伤害。
- 消除或者减少这样的校正或维修的需求，即操作时需要接近容易带来危险的运行部件。
- 为了对各种类型的潜在故障实现早期检测或者早期预警采用适当的装置或者手段，使得必要的维修维护可以在故障真正发生之前实施并减少承受风险的可能。

•采用以下策略进行设计开发,即降低维修工作人员遭受泄漏的高压可燃气体、触电电击等伤害的概率,争取将之降低到最小。

10.8　数学模型

在过去数年里,大量的数学模型已经被研究建立,可以用来执行各种类型工程系统的可靠性、有效性分析[17]。其中一些模型也常用来实现工程系统的维修安全相关分析。一个模型如下所示。

这个数学模型将一个工程系统表达为三个状态:操作正常、不安全的工作状态(由于维修或者其他问题),以及故障失效。该系统在故障失效与不安全的工作状态时需要进行维修。

系统的状态空间图如图 10.1 所示。方框与圆圈中的数字表示系统状态。在第 4 章中描述的马尔可夫方法用来设计系统状态概率与平均无故障时间的等式。

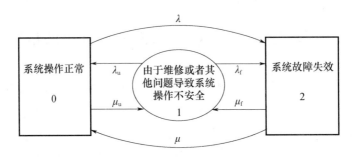

图 10.1　系统状态图

该模型中使用了如下假设。

•所有的事件都彼此独立。

•系统故障和修复率是常数。

•修理好的系统与新的系统表现同样良好。

该模型中使用的符号如下所示。

i 为系统第 i 个状态:$i=0$(系统操作正常),$i=1$(由于维修或者其他问题导致系统操作不安全),$i=2$(系统故障失效)。

t 为时间。$P_i(t)$ 为系统在状态 i 下时间 t 时的概率,$i=0,1,2$。

λ 为系统故障率常数。

λ_u 为由于维修或者其他问题造成的系统危险性能降级速率常数。

λ_f 为在不安全的操作状态 1 下系统故障率常数。

μ 为从状态 2 到状态 0 的系统修复率常数。

μ_u 为从状态 1 到状态 0 的系统修复率常数。

μ_f 为从状态 2 到状态 1 的系统修复率常数。

使用马尔可夫方法,根据图 10.1[2,17] 写出以下等式:

$$\frac{dP_0(t)}{dt} + (\lambda_u + \lambda)P_0(t) = \mu_u P_1(t) + \mu P_2(t) \tag{10.1}$$

$$\frac{dP_1(t)}{dt} + (\mu_u + \lambda_f)P_1(t) = \mu_u P_2(t) + \lambda_u P_0(t) \tag{10.2}$$

$$\frac{dP_2(t)}{dt} + (\mu_u + \mu_f)P_2(t) = \lambda_f P_1(t) + \lambda P_0(t) \tag{10.3}$$

当 $t = 0$ 时,$P_0(0) = 1, P_1(0) = 0, P_2(0) = 0$。

当 $t = 1$ 时,$P_0(0) = 1, P_1(0) = 0$,且 $P_2(0) = 0$。

对于一个非常大的 t,通过解式(10.1)~式(10.3),得到如下稳定的状态概率方程组[17]:

$$P_0 = \frac{(\mu + \mu_f)(\mu_u + \lambda_f) - \lambda_f \mu_f}{X} \tag{10.4}$$

其中

$$X = (\mu + \mu_f)(\mu_u + \lambda_u + \lambda_f) + \lambda(\mu_u + \lambda_f) + \lambda\mu_f + \lambda_u\lambda_f - \lambda_f\mu_f$$

$$P_1 = \frac{\lambda_u(\mu + \mu_f) + \lambda\mu_f}{X} \tag{10.5}$$

$$P_2 = \frac{\lambda\lambda_f + \lambda(\mu_u + \lambda_f)}{X} \tag{10.6}$$

式中:P_0、P_1、P_2 分别为系统状态分别为 0、1、2 时的稳定状态概率。

因此,由于维修或者其他问题导致系统危险操作的稳定状态概率由式(10.5)给出。

通过设式(10.1)~式(10.3)中的 $\mu = \mu_u = 0$ 对等式求解,得到以下系统可靠性的方程式:

$$R_S(t) = P_0(t) + P_1(t) \tag{10.7}$$

$$= (X_1 + Y_1)e^{x_1t} + (X_2 + Y_2)e^{x_2t}$$

式中:$R_S(t)$ 为时刻 t 时的系统可靠性。

$$x_1 = \frac{-L_1 + \sqrt{L_1^2 - 4L_2}}{2} \qquad (10.8)$$

$$x_2 = \frac{-L_1 - \sqrt{L_1^2 - 4L_2}}{2} \qquad (10.9)$$

$$L_1 = \mu_u + \lambda + \lambda_u + \lambda_f \qquad (10.10)$$

$$L_2 = \lambda\mu_u + \lambda\lambda_f + \lambda_u\lambda_f \qquad (10.11)$$

$$X_1 = \frac{x_1 + \mu_u + \lambda_f}{(x_1 - x_2)} \qquad (10.12)$$

$$X_2 = \frac{x_2 + \mu_u + \lambda_f}{(x_2 - x_1)} \qquad (10.13)$$

$$Y_1 = \frac{\lambda_u}{(x_1 - x_2)} \qquad (10.14)$$

$$Y_2 = \frac{\lambda_u}{(x_2 - x_1)} \qquad (10.15)$$

通过对式(10.7)进行时间间隔$[0,\infty]$内的求积运算,获得面向维修的系统平均无故障时间方程[2,17]:

$$\mathrm{MTTF_{Sr}} = \int_0^\infty R_S(t)\,\mathrm{d}t \qquad (10.16)$$

$$= \left[\frac{(X_1 + Y_1)}{x_1} + \frac{(X_2 + Y_2)}{x_2}\right]$$

式中:$\mathrm{MTTF_{Sr}}$为面向维修的系统平均无故障时间。

案例10.1

假设一个可维修的工程系统有可能正常运行,也有可能由于维修或者其他原因导致在危险状态下运行,还有可能处于故障状态。它从正常运行状态到故障状态的故障率常数/性能衰退率常数为0.004 故障/h,从正常工作状态到危险运行状态的故障率常数/性能衰退率为0.002 故障/h,以及从危险运行状态到故障状态的故障率常数/性能衰退率常数为0.001 故障/h。

同样,从故障状态到正常运行状态的系统修复率常数为0.008 次修理/h,从危险运行状态到正常运行状态的系统修复率常数为0.005 次修理/h,从故障状态到危险运行状态的系统修复率常数为0.002 次修理/h。

计算由于维修或者其他原因导致系统在危险状态下运行的稳定状态概率。

将给定数值代入式(10.5),得

$$P_1 = \frac{(0.002)(0.008 + 0.002) + (0.004)(0.002)}{X}$$

$$= 0.25$$

其中

$$X = (0.008 + 0.002)(0.005 + 0.002 + 0.001) + (0.004)(0.005 + 0.001)$$
$$+ (0.004)(0.002) + (0.002)(0.001) - (0.001)(0.002)$$

因此,由于维修或者其他问题导致的系统在危险状态下运行的稳定状态概率为 0.25。

10.9　问　题

1. 撰写一篇关于工程维修安全方面的短文。
2. 列出至少六个直接或者间接与工程维修安全有关的事实、数据与案例。
3. 维修安全问题的重要诱因是什么?
4. 在维修活动中什么样的因素造成了维修安全隐患的可能?
5. 讨论影响维修人员安全行为与安全文化的因素有哪些?
6. 讨论至少四个在维修工作过程中与安全相关的的良好工作习惯。
7. 讨论与机器有关的维修任务中的维修安全措施。
8. 给工程设备厂商写下至少 10 个与维修安全有关的问题。
9. 使用式(10.1)~式(10.3)解式(10.4)~式(10.6)。
10. 假设一个工程系统有可能正常运行,也有可能由于维修或者其他原因导致在危险状态下运行,还有可能处于故障状态。它从正常运行状态到故障状态的故障率常数/性能衰退率常数为 0.003 故障/h,从正常工作状态到危险运行状态的故障率常数/性能衰退率为 0.001 故障/h,以及从危险运行状态到故障状态的故障率常数/性能衰退率常数为 0.002 故障/h。同样的,从故障状态到正常运行状态的系统修复率常数为 0.007 次修理/h,从危险运行状态到正常运行状态的系统修复率常数为 0.006 次修理/h,从故障状态到危险运行状态的系统修复率常数为 0.001 次修理/h。计算由于维修或者其他原因导致系统在危险状态下运行的稳定状态概率。

参考文献

[1] Accident Facts, National Safety Council, Chicago, IL, 1999.

[2] Dhillon, B. S. , Engineering Safety: Fundamentals, Techniques, and Applications, World Scientific Publishing,

River Edge, NJ, 2003.

[3] AMCP 706 – 132, Maintenance Engineering Techniques, U. S. Army Material Command, Department of the Army, Washington, D. C. , 1975.

[4] Dhillon, B. S. , Engineering Maintenance: A Modern Approach, CRC Press, Boca Raton, FL, 2002.

[5] Human Factors in Airline Maintenance: A Study of Incident Reports, Bureau of Air Safety Investigation, Department of Transport and Regional Development, Canberra, Australia, 1997.

[6] Russell, P. D. , Management Strategies for Accident Prevention, Air Asia, Vol. 6, 1994, pp. 31 – 41.

[7] Gero, D. , Aviation Disasters, Patrick Stephens, Sparkford, UK, 1993.

[8] ATSB Survey of Licensed Aircraft Maintenance Engineers in Australia, Report No. ISBN 0642274738, Australian Transport Safety Bureau(ATSB) , Department of Transport and Regional Services, Canberra, Australia, 2001.

[9] Goetsch, D. L. , Occupational Safety and Health, Prentice – Hall, Englewood Cliffs, NJ, 1996.

[10] Joint Fleet Maintenance Manual Vol. 5, Quality Assurance, Submarine Maintenance Engineering, United States Navy, Portsmouth, NH, 199L

[11] Christensen, J. M. , Howard, J. M. , Field Experience in Maintenance, in Human Detection and Diagnosis of System Failures, edited by J. Rasmussen and W. B. Rouse, Plenum Press, New York, 1981, pp. 111 – 133.

[12] Stoneham, D. , The Maintenance Management and Technology Handbook, Elsevier Science, Oxford, UK, 1998.

[13] Farrington – Darby, T. , Pickup, L. , Wilson, J. R. , Safety Culture in Railway Maintenance, Safety Science, Vol. 43, 2005, pp. 39 – 60.

[14] Wallace, S. J Merritt, C. W. , Know When to Say "When": A Review of Safety Incidents Involving Maintenance Issues, Process Safety Progress, Vol. 22, No. 4, 2003, pp. 212 – 219.

[15] Pender, W. R. , Safety in Maintenance, Southern Power and Industry, Vol. 62, No. 12, 1944, pp. 98, 99, and 110.

[16] Hammer, W. , Product Safety Management and Engineering, Prentice – Hall, Englewood Cliffs, NJ, 1980.

[17] Dhillon, B. S. , Design Reliability: Fundamentals and Applications, CRC Press, Boca Raton, FL, 1999.

第11章 工程维修中人的可靠性和误差分析数学模型

11.1 引　言

数学建模是在工程系统中实现各种类型分析时广泛应用的方法。在这种情况下,系统的部件由理想化的元素来表示,这些元素假定具备真实寿命元件的典型特征。这些元件的性能可由方程组来描述。然而,数学模型的真实度依赖于施加在这些模型上的前提假设。

在过去数年里,建立了大量的数学模型来研究工程系统中人的可靠性与误差。这些模型中的绝大多数都应用了包括马尔可夫链在内的随机过程方法来建模[1,2]。尽管这样的模型的有效性在不同的应用场景下差别很大,其中一些关于人的可靠性与失误的模型还是非常成功地描述了工业部门中的各类型真实环境[3]。因此,这些模型中的一部分也会用来在工程维修领域里应对人的可靠性与失误问题。

本章描述大量数学模型,这些数学模型对于进行工程维修中各种各样人的可靠性与失误的分析非常有用。

11.2　在正常与振动环境中对于维修人员可靠性的预测模型

维修人员执行各种类型的任务,这些任务都属于时间持续类型,包括监控、跟踪与操作。这些任务可能在正常环境下实施,也可能在起伏不定的环境下实施。在执行此类任务的过程中,维修人员可能产生各种各样的失误,包括关键性失误与非关键性失误。因此,本节介绍了三个数学模型来预测维修人员的工作可靠性和进行在前面所述条件下与维修失误相关的分析。

11.2.1　模型 I

模型 I 能够对维修人员在正常工作环境下的工作性能可靠性进行预测,更准确地,为维修人员能够正确执行时间连续任务的概率。对维修人员的工作性能可靠性进行预测的表达式如下[1,2,4,5]。

在有限时间间隔里一项维修任务发生人为失误的概率给定的事件 D 为

$$P(C/D) = z(t)\Delta t \tag{11.1}$$

式中:C 为在时间间隔$[t,t+\Delta t]$内发生人为失误的事件;D 为在持续时间 t 内发生的人为失误事件;$z(t)$ 为在时间 t 时发生的人为失误率。

失误表现的联合概率为

$$P(C/D) = P(D) - P(C/D)P(D) \tag{11.2}$$

式中:$P(D)$ 为事件 D 与 $\bar{C}$ 的出现概率,为在时间间隔$[t,t+\Delta t]$内不会发生人为失误的概率。式(11.2)表示在时间间隔$[0,t]$与$[t,t+\Delta t]$时的失误出现概率,并重写为

$$R_h(t) - R_h(t)P(C/D) = R_h(t+\Delta t) \tag{11.3}$$

式中:$R_h(t)$ 为在时间 t 时维修人员的可靠性。

通过将式(11.1)代入到式(11.3),得

$$\lim_{\Delta t \to 0} \frac{R_h(t+\Delta t) - R_h(t)}{\Delta t} = -R_h(t)z(t) \tag{11.4}$$

在极限情况下,式(11.4)变为

$$\lim_{\Delta t \to 0} \frac{R_h(t+\Delta t) - R_h(t)}{\Delta t} = \frac{\mathrm{d}R_h(t)}{\mathrm{d}t} = -R_h(t)z(t) \tag{11.5}$$

当 $t=0$ 时,$R_h(0)=1$。

经过重排式(11.5),得

$$\frac{1}{R_h(t)}\mathrm{d}R_h(t) = -z(t)\mathrm{d}t \tag{11.6}$$

对在时间间隔$[0,t]$内式(11.6)的两边进行求积运算,得

$$\int_1^{R_h(t)} \frac{1}{R_h(t)}\mathrm{d}R_h(t) = -\int_0^t z(t)\mathrm{d}t \tag{11.7}$$

在评估式(11.7)后,得

$$R_h(t) = \mathrm{e}^{-\int_0^t z(t)\mathrm{d}t} \tag{11.8}$$

式(11.8)为维修人员工作性能可靠性的通用表达式,可实现任意时间内对人为失误的统计分布计算(如威布尔分布、正常分布、指数分布)。通过对在时间间隔$[0,\infty]$内的式(11.8)求积运算,得到如下方程式,即计算人为失误平均时间的通用方程[1]:

$$\text{MTTHE} = \int_0^\infty \left[e^{-\int_0^t z(t)\,dt} \right] dt \tag{11.9}$$

式中：MTTHE 为维修人员的人为失误平均时间。

案例 11.1

假设一个维修人员在执行一个特定的任务，他（她）的失误率为 0.001 失误/h（即人为失误的时间为指数分布）。计算维修人员在持续 6h 工作期间的可靠性。因此，有[1]

$$z(t) = 0.001(失误/h)$$

通过将以上数值与时间 t 内给定的数值代入到式（11.8），得

$$R_h = (6) = e^{-\int_0^6 (0.001)\,dt}$$
$$= e^{-(0.001)(6)}$$
$$= 0.9940$$

因此，在持续 6h 内的工作期间维修人员的可靠性为 0.9940。

11.2.2　模型 II

模型 II 表现了在起伏不定的环境下一个执行连续时间任务的维修人员（即正常环境与有压力的环境）[1,6]。这样的环境案例有天气剧烈变化，如从正常天气突变为暴风雨或者在相反的情况下。由于维修人员失误率从正常工作环境到了充满压力的环境可能变化得非常剧烈，模型考量了两个独立的维修人员失误率（即一个为正常环境，而另一个为有压力的环境）。因此，该模型可用来确定维修人员的可靠性与在变动环境下的平均人为失误时间。模型的状态空间图如图 11.1 所示。圆圈与方框内的数字表示维修人员的状态。

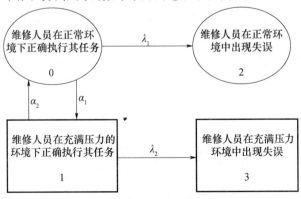

图 11.1　模型 III 的状态空间图

与该模型有关的假设如下。

- 维修人员失误率是常数。
- 所有维修人员发生失误都是互相独立的。
- 环境变化率(即从正常环境到充满压力的环境,反之亦然)为常数。

该图中使用的符号如下。

i 为维修人员的状态:$i = 0$(维修人员在正常环境下正确执行其任务)、$i = 1$(维修人员在充满压力的环境下正确执行其任务)、$i = 2$(维修人员在正常环境中出现失误)、$i = 3$(维修人员在充满压力环境中出现失误)。

$P_i(t)$ 为维修人员在时间 t 状态 i 的概率,$i = 0,1,2,3$。

λ_1 为在正常环境下维修人员执行他(她)的任务的固定失误率。

λ_2 为维修人员在充满压力的环境中执行他(她)的任务的固定失误率。

α_1 为从正常环境转变到压力环境的固定转变率。

α_2 为从压力环境转变到正常环境的固定转变率。

使用在第 4 章中描述的马尔可夫方法,根据图 11.1 列出以下方程组[6]:

$$\frac{\mathrm{d}P_0(t)}{\mathrm{d}t} + (\lambda_1 + \alpha_1)P_0(t) = \alpha_1 P_1(t) \tag{11.10}$$

$$\frac{\mathrm{d}P_1(t)}{\mathrm{d}t} + (\lambda_2 + \alpha_2)P_1(t) = \alpha_1 P_0(t) \tag{11.11}$$

$$\frac{\mathrm{d}P_2(t)}{\mathrm{d}t} = \lambda_1 P_0(t) \tag{11.12}$$

$$\frac{\mathrm{d}P_3(t)}{\mathrm{d}t} = \lambda_2 P_1(t) \tag{11.13}$$

当 $t = 0$ 时,$P_0(0) = 1$,$P_1(0) = P_2(0) = P_3(0) = 0$。

通过解式(11.10)~式(11.13),得到以下状态概率方程组:

$$P_0(t) = \frac{1}{(y_1 - y_2)}\left[(y_2 + \lambda_2 + \alpha_2)\mathrm{e}^{y_2 t} - (y_1 + \lambda_2 + \alpha_2)\mathrm{e}^{y_1 t}\right] \tag{11.14}$$

其中

$$y_1 = \left[-a_1 + (a_1^2 - 4a_2)^{\frac{1}{2}}\right]/2 \tag{11.15}$$

$$y_2 = \left[-a_1 - (a_1^2 - 4a_2)^{\frac{1}{2}}\right]/2 \tag{11.16}$$

$$a_1 = \lambda_1 + \lambda_2 + \alpha_1 + \alpha_2 \tag{11.17}$$

$$a_2 = \lambda_1(\lambda_2 + \alpha_2) + \alpha_1\lambda_2 \tag{11.18}$$

$$P_2(t) = a_4 + a_5\mathrm{e}^{y_2 t} - a_6\mathrm{e}^{y_1 t} \tag{11.19}$$

其中

$$a_3 = \frac{1}{y_2 - y_1} \tag{11.20}$$

$$a_4 = \lambda_1 [\lambda_2 + \alpha_2] / y_1 y_2 \tag{11.21}$$

$$a_5 = a_3 (\lambda_1 + \alpha_4 y_1) \tag{11.22}$$

$$a_6 = a_3 (\lambda_1 + \alpha_4 y_2) \tag{11.23}$$

$$P_1(t) = \alpha_1 a_3 (e^{y_2 t} - e^{y_1 t}) \tag{11.24}$$

$$P_3(t) = a_7 [(1 + \alpha_3)(y_1 e^{y_2 t} - y_2 e^{y_1 t})] \tag{11.25}$$

其中

$$a_7 = \lambda_2 \alpha_1 / y_1 y_2 \tag{11.26}$$

维修人员可靠性由下式给出:

$$R_{mw}(t) = P_0(t) + P_1(t) \tag{11.27}$$

式中:$R_{mw}(t)$ 为维修人员在变化较大的环境中执行任务的可靠性。

维修人员的人为失误平均时间为

$$\text{MTTHE}_{mw} = \int_0^\infty R_{mw}(t)\,\mathrm{d}t \tag{11.28}$$

$$= \frac{\lambda_2 + \alpha_1 + \alpha_2}{\lambda_1 (\lambda_2 + \alpha_2) + \alpha_1 \lambda_2}$$

式中:MTTHE_{mw} 为维修人员在变化较大的环境中执行他(她)的任务时的人为失误平均时间。

案例 11.2

假定一名维修人员的固定失误率在正常环境中为 0.0001 失误/h,在压力环境中为 0.0005 失误/h。从正常环境转变为压力环境的转变率数值为 0.002 次/h,而从压力环境转变为正常环境的转变率为 0.003 次/h。计算维修人员的人为失误平均时间。

将给定数值代入式(11.28),得

$$\text{MTTHE}_{mw} = \frac{0.005 + 0.002 + 0.003}{0.001(0.005 + 0.003) + (0.002)(0.005)}$$

$$= 4074.1(\text{h})$$

因此,维修人员的人为失误平均时间为 4074.1h。

11.2.3　模型Ⅲ

模型Ⅲ表示了一名执行连续时间任务的维修人员如何受到关键失误与非关

键失误的影响。该模型可以用于计算在时间 t 时维修人员可靠性、维修人员人为失误平均时间、维修人员在时间 t 时犯下关键失误的概率以及维修人员在时间 t 犯下非关键失误的概率。

该模型状态空间图如图11.2所示。方框内的数字表示维修人员的状态。

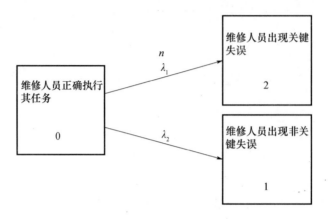

图11.2 模型Ⅲ的状态空间图

该模型服从于以下假设。

- 所有维修人员出现失误都是独立的。
- 维修人员出现关键失误与非关键失误的概率都是固定的。

i 为维修人员的第 i 个状态: $i=0$(维修人员正确执行其任务), $i=1$(维修人员出现非关键失误), $i=2$(维修人员出现关键失误)。

$P_i(t)$ 为维修人员在时间 t 状态 i 下的概率, $i=0,1,2$。

λ_1 为维修人员的固定关键人为失误率。

λ_2 为维修人员出现非关键人为失误的固定概率。

使用马尔可夫方法,根据图11.2[1,7]写下下列方程组:

$$\frac{\mathrm{d}P_0(t)}{\mathrm{d}t} + (\lambda_2 + \lambda_1)P_0(t) = 0 \tag{11.29}$$

$$\frac{\mathrm{d}P_1(t)}{\mathrm{d}t} - \lambda_2 P_0(t) = 0 \tag{11.30}$$

$$\frac{\mathrm{d}P_2(t)}{\mathrm{d}t} - \lambda_1 P_0(t) = 0 \tag{11.31}$$

在 $t=0$ 时, $P_0(0)=0$, $P_1(0)=0$ 及 $P_2(0)=0$。

解式(11.29)~式(11.31),得

$$P_0(t) = \mathrm{e}^{-(\lambda_2+\lambda_1)t} \tag{11.32}$$

$$P_1(t) = \frac{\lambda_2}{\lambda_1 + \lambda_2}\left[1 - e^{-(\lambda_2 + \lambda_1)t}\right] \tag{11.33}$$

$$P_2(t) = \frac{\lambda_1}{\lambda_1 + \lambda_2}\left[1 - e^{-(\lambda_2 + \lambda_1)t}\right] \tag{11.34}$$

以上三个方程都可用来求得维修人员在状态 0、1、2 时的概率,维修人员的可靠性为

$$R_m(t) = P_0(t) \tag{11.35}$$
$$= e^{-(\lambda_2 + \lambda_1)t}$$

式中:$R_m(t)$ 为维修人员在时间 t 的可靠性。

维修人员的人为失误平均时间由文献[1,7]给出:

$$\text{MTTHE}_m = \int_0^\infty R_m(t)\,\mathrm{d}t \tag{11.36}$$
$$= \int_0^\infty e^{-(\lambda_2 + \lambda_1)t}\,\mathrm{d}t$$
$$= \frac{1}{\lambda_2 + \lambda_1}$$

式中:MTTHE_m 为维修人员的人为失误平均时间。

案例 11.3

假定一名维修人员在执行一项连续时间任务,而他(她)的固定关键失误率为 0.0001 失误/h,固定非关键失误率为 0.0006 失误/h。计算该名维修人员在一项持续 6h 的任务中的可靠性与人为失误平均时间。

将已知数据代入式(11.35)与式(11.36),得

$$R_m(6) = e^{-(0.0006 + 0.0001)(6)}$$
$$= 0.9958$$

以及

$$\text{MTTHE}_m = \frac{1}{0.0006 + 0.0001}$$
$$= 1428.6(\text{h})$$

因此,维修人员的可靠性为 0.9958,而人为失误平均时间为 1428.6h。

11.3　执行单个系统维修失误分析的模型

过去的经验表明,系统可能因为维修失误导致故障或者性能降低。在过去数年里,各种各样的数学模型被建立起来用以执行此类系统的可靠性分析与有

效性分析[1,3,7]。此类模型的两个实例如下。

11.3.1 模型 I

模型 I 表示一个可能发生故障的系统,故障原因既可能是由于维修人员出现的人为失误造成,也可能由于硬件故障造成。该模型状态空间图如图11.3所示,在图中圆圈与方框中的数字表示系统状态。要说明的是,该模型从数学看与前述11.2节所示的模型一样,但是它的具体应用范围是不一样的。

图 11.3　模型 I 的状态空间图

与该模型有关的两个假设如下。

● 硬件故障和人为误差是相互独立出现的。

● 硬件故障与人为失误的出现概率都是常数。

图 11.3 中使用的符号如下。

λ 为系统出现硬件故障的固定概率。

λ_h 为维修人员出现人为失误的固定概率。

j 为第 j 个系统状态:$j=0$(系统正常运行),$j=1$(由于维修人员产生人为失误导致系统失效),$j=2$(由于硬件故障导致系统失效)。

$P_j(t)$ 为系统在时间 t 状态 j 下的概率,$j=0,1,2$。

通过使用马尔可夫方法,为图11.3写下以下三个方程式[1,7]:

$$\frac{\mathrm{d}P_0(t)}{\mathrm{d}t} + (\lambda_h + \lambda)P_0(t) = 0 \tag{11.37}$$

$$\frac{\mathrm{d}P_1(t)}{\mathrm{d}t} - \lambda_h P_0(t) = 0 \tag{11.38}$$

$$\frac{\mathrm{d}P_2(t)}{\mathrm{d}t} - \lambda P_0(t) = 0 \tag{11.39}$$

在 $t=0$ 时,通过求解式(11.37)~式(11.39),得

$$P_0(t) = \mathrm{e}^{-(\lambda_h + \lambda_1)t} \tag{11.40}$$

$$P_1(t) = \frac{\lambda_h}{\lambda_h + \lambda}\left[1 - \mathrm{e}^{-(\lambda_h + \lambda_1)t}\right] \tag{11.41}$$

$$P_2(t) = \frac{\lambda}{\lambda_h + \lambda} \left[1 - e^{-(\lambda_h + \lambda)t} \right] \tag{11.42}$$

系统的可靠性为

$$R_s(t) = P_0(t) \tag{11.43}$$
$$= e^{-(\lambda_h + \lambda)t}$$

式中：$R_s(t)$ 为在时间 t 时的系统可靠性。

系统平均无故障时间为

$$\text{MTTF}_S = \int_0^\infty R_s(t)\,\mathrm{d}t \tag{11.44}$$
$$= \int_0^\infty e^{-(\lambda_h + \lambda)t}\mathrm{d}t$$
$$= \frac{1}{\lambda_h + \lambda}$$

式中：MTTF_S 为系统平均无故障时间。

案例 11.4

假定一个系统可能由于维修人员产生的人为失误造成故障失效，也可能由于硬件故障造成失效。系统中人为失误出现的固定概率为 0.0001 失误/h，硬件故障出现的固定概率为 0.0009 故障/h。

计算在一个持续 12h 的任务中系统由于维修人员产生的人为失误造成故障失效的概率。将给定的数据代入式(11.41)，得

$$P_1(12) = \frac{0.0001}{(0.0001 + 0.009)} \left[1 - e^{-(0.0001 + 0.009)(12)} \right]$$
$$= 0.0012$$

因此，系统在此项任务中由于维修人员产生人为失误造成故障失效的概率为 0.0012。

11.3.2　模型 II

模型 II 表达了这样一个系统，该系统如果发生故障失效只可能是因为硬件故障，而维修人员产生的人为失误可能降低它的性能。

该系统可以从故障失效状态与性能降低状态中修复。系统状态空间图如图 11.4 所示，方框中的数字表示系统状态。

与该模型有关的假设如下。

● 维修人员产生的人为失误只能导致系统性能降低，而不会导致故障失效。

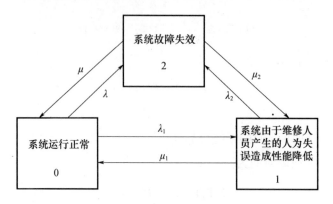

图 11.4　模型 Ⅱ 的状态空间图

● 硬件故障与人为失误的出现概率都是常数。

● 整个失效系统被修复或者部分失效系统被修复,并且定期进行预防性维修。

● 性能降低的系统由于硬件故障只能导致失效。

● 系统的整体修复率是固定的常数。

● 修理后的系统与没有维修过的新系统性能一样良好。

图 11.4 中使用的符号如下。

λ_1 为维修人员产生人为失误的固定出现概率。

λ_2 为系统在性能降低状态下的固定故障率。

λ 为系统固定故障率。

μ 为系统固定修复率。

μ_1 为系统从性能降低状态到正常工作状态的固定修复率。

μ_2 为从系统故障失效状态到性能降低状态或者部分工作状态的固定修复率。

j 为系统第 j 个状态:$j = 0$(系统运行正常),$j = 1$(系统由于维修人员产生的人为失误造成性能降低),$j = 2$(系统故障失效)。

$P_j(t)$ 为系统在时间 t 状态 j 下的概率,$j = 0,1,2$。

使用马尔可夫方法,结合图 11.4,写下如下方程式[1,7,8]:

$$\frac{\mathrm{d}P_0(t)}{\mathrm{d}t} + (\lambda_1 + \lambda)P_0(t) = \mu_1 P_1(t) + \mu P_2(t) \tag{11.45}$$

$$\frac{\mathrm{d}P_1(t)}{\mathrm{d}t} + (\mu_1 + \lambda_2)P_1(t) = \mu_2 P_2(t) + P_0(t)\lambda_1 \tag{11.46}$$

$$\frac{\mathrm{d}P_2(t)}{\mathrm{d}t} + (\mu + \mu_2)P_2(t) = \lambda_2 P_1(t) + \lambda P_0(t) \tag{11.47}$$

在 $t = 0$ 时，$P_0(0) = 1$，$P_1(0) = 0$，$P_2(0) = 0$。

通过解式（11.45）～式（11.47），得

$$P_0(t) = \frac{\mu_1\mu + \lambda_2\mu + \mu_1\mu_2}{A_1 A_2} \tag{11.48}$$

$$+ \left[\mu_1 A_1 + \mu A_1 + \mu_2 A_1 + \lambda_2 A_1 + A_1^2 + \mu_1\mu + \mu\mu + \mu_1\mu_2 \right] \mathrm{e}^{A_1 t}$$

$$+ \left\{ 1 - \left(\frac{\mu_1\mu + \lambda_2\mu + \mu_1\mu_2}{A_1 A_2} \right) \right.$$

$$\left. - \left[\frac{\mu_1 A_1 + \mu A_1 + \mu_2 A_1 + \lambda_2 A_1 + A_1^2 + \mu_1\mu + \mu\mu + \mu_1\mu_2}{A_1(A_1 - A_2)} \right] \right\} \mathrm{e}^{A_2 t}$$

其中

$$A_1, A_2 = \frac{-D \pm \sqrt{D^2 - 4(\mu_1\mu + \lambda_2\mu + \mu_1\mu_2 + \mu\lambda_1 + \lambda_1\mu_2 + \lambda_1\lambda_2 + \mu_1\lambda + \lambda\mu_2 + \lambda\lambda_2)}}{2}$$

$$D = \lambda_1 + \lambda + \lambda_2 + \mu_1 + \mu + \mu_2$$

$$A_1 A_2 = \mu_1\mu + \lambda_2\mu + \mu_1\mu_2 + \mu\lambda_1 + \lambda_1\mu_2 + \lambda_1\lambda_2 + \mu_1\lambda + \lambda\mu_2 + \lambda\lambda_2$$

$$P_1(t) = \frac{\lambda_1\mu + \lambda_1\mu_2 + \lambda\mu_2}{A_1 A_2} + \left[\frac{A_1\lambda_1 + \lambda_1\mu + \lambda_1\mu_2 + \lambda\mu_2}{A_1(A_1 - A_2)} \right] \mathrm{e}^{A_1 t} \tag{11.49}$$

$$- \left[\frac{\lambda_1\mu + \lambda_1\mu_2 + \lambda\mu_2}{A_1 A_2} + \frac{A_1\lambda_1 + \lambda_1\mu + \lambda_1\mu_2 + \lambda\mu_2}{A_1(A_1 - A_2)} \right] \mathrm{e}^{A_2 t}$$

$$P_2(t) = \frac{\lambda_1\lambda_2 + \mu_1\lambda + \lambda\lambda_2}{A_1 A_2} + \left[\frac{A_1\lambda + \lambda_1\lambda_2 + \lambda\mu_1 + \lambda\lambda_2}{A_1(A_1 - A_2)} \right] \mathrm{e}^{A_1 t} \tag{11.50}$$

$$- \left[\frac{\lambda_1\lambda_2 + \mu_1\lambda + \lambda\lambda_2}{A_1 A_2} + \frac{A_1\lambda + \lambda_1\lambda_2 + \lambda\mu_1 + \lambda\lambda_2}{A_1(A_1 - A_2)} \right] \mathrm{e}^{A_2 t}$$

系统由于维修人员产生人为失误造成性能降低的概率由式（11.49）给出。当 t 变得非常大时，式（11.49）可以化简为

$$P_1 = \frac{\lambda_1\mu + \lambda_1\mu_2 + \lambda\mu_2}{A_1 A_2} \tag{11.51}$$

式中：P_1 为系统由于维修人员产生人为失误造成性能降低的稳定状态概率。

系统与时间相关的运行有效性为

$$AV_S(t) = P_0(t) + P_1(t) \tag{11.52}$$

式中：$AV_S(t)$ 为在时间 t 时的系统运行有效用性。

当 t 变得非常大时，式（11.52）变为

$$AV_S(t) = \frac{\mu_1\mu + \lambda_2\mu + \mu_1\mu_2 + \lambda_1\mu + \lambda_1\mu_2 + \lambda\mu_2}{A_1A_2} \quad (11.53)$$

式中:AV_S 为系统稳定状态运行有效性。

案例 11.5

假设对于一个系统能够获得以下数据:

$\lambda = 0.007$ 个故障/h

$\lambda_1 = 0.0002$ 个失误/h

$\lambda_2 = 0.002$ 个故障/h

$\mu = 0.03$ 次修理/h

$\mu_1 = 0.006$ 次修理/h

$\mu_2 = 0.04$ 次修理/h

计算由于维修人员产生人为失误造成系统性能降低的稳定状态概率。

将已经修正的数据插入式(11.51),得

$$P_1 = \frac{(0.0002)(0.03) + (0.0002)(0.04) + (0.007)(0.04)}{(0.006)(0.03) + (0.002)(0.03) + (0.006)(0.04) + (0.03)(0.0002)}$$

$$\overline{+(0.002)(0.04) + (0.0002)(0.002) + (0.006)(0.007) + (0.007)(0.04)}$$

$$\overline{+(0.007)(0.002)}$$

$$= 0.3540$$

因此,系统由于维修人员产生人为失误造成性能降低的稳定状态概率为 0.3540。

11.4 实现冗余系统维修失误分析的模型

过去的经验表明,维修人员产生的人为失误不仅可能导致单个单元系统的故障失效,而且可能导致冗余备份单元系统的故障失效。在已经发表的文献中,有许多数学模型可以用来进行冗余系统的维修失误分析[1]。下面介绍此类模型的两个实例。

11.4.1 模型Ⅰ

模型Ⅰ描述了一个两个相同单元并联的系统,并且该系统安排了周期性的预防性维修。该系统可能由于硬件故障,也可能由于维修或者其他原因,发生故障失效。

系统状态空间图如图 11.5 所示,在圆圈与方框内的数字表示系统状态。与

该模型有关的假设如下。

- 完全的故障失效和人为失误都是独立发生的。
- 两个单元相互独立,完全一样,且都处于激活状态。
- 当维修失误或者其他失误发生时,可能系统中的两个单元都处于良好工作状态,或者其中一个单元处于良好工作状态。
- 系统要进行周期性的预防性维修。
- 故障率与失误率都是常数。
- 由于维修失误或者其他失误造成了所有的系统故障失效。

图 11.5 中使用的符号如下。

i 为系统的第 i 个状态:$i = 0$(两个单元都运行正常),$i = 1$(一个单元由于硬件故障变得失效,另外一个单元运行正常),$i = 2$(系统由于维修失误或者其他失误造成整体故障失效),$i = 3$(系统由于硬件故障造成失效)。

$P_i(t)$ 为系统在时间 t 状态 i 下的概率,$i = 0,1,2,3$。

λ 为单元的固定故障率。

λ_{m1} 为当两个单元都在正常运行的状态下,发生维修失误或者其他失误的固定失误率。

λ_{m2} 为当只有一个单元在正常运行的状态下发生维修失误或者其他失误的固定失误率。

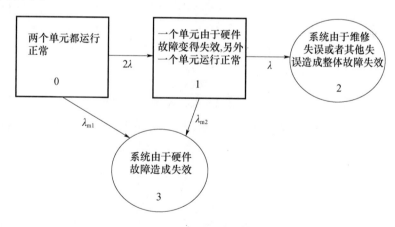

图 11.5　模型 I 的状态空间图

使用马尔可夫方法与图 11.5,得[1,8]

$$\frac{\mathrm{d}P_0(t)}{\mathrm{d}t} + (2\lambda + \lambda_{m1})P_0(t) = 0 \tag{11.54}$$

$$\frac{\mathrm{d}P_1(t)}{\mathrm{d}t} + (\lambda + \lambda_{m2})P_1(t) = 2\lambda P_0(t) \tag{11.55}$$

$$\frac{\mathrm{d}P_2(t)}{\mathrm{d}t} = \lambda_{m1}P_0(t) + \lambda_{m2}P_1(t) \tag{11.56}$$

$$\frac{\mathrm{d}P_3(t)}{\mathrm{d}t} = \lambda P_1(t) \tag{11.57}$$

在 $t=0$ 时，$P_0(0)=1$，$P_1(0)=0$，$P_2(0)=0$ 和 $P_3(0)=0$。

通过求解式(11.54)~式(11.57)，得

$$P_0(t) = \mathrm{e}^{-A_1 t} \tag{11.58}$$

其中

$$A_1 = 2\lambda + \lambda_{m1} \tag{11.59}$$

$$P_1(t) = B_1 \left[\mathrm{e}^{-A_1 t} - \mathrm{e}^{-A_2 t} \right] \tag{11.60}$$

其中

$$A_2 = \lambda + \lambda_{m2} \tag{11.61}$$

$$B_1 = \frac{2\lambda}{A_2 - A_1} \tag{11.62}$$

$$P_2(t) = B_2 - B_3 \mathrm{e}^{-A_1 t} - B_4 \mathrm{e}^{-A_2 t} \tag{11.63}$$

其中

$$B_2 = \frac{2\lambda\lambda_{m2} + \lambda_{m1}A_2}{A_1 A_2} \tag{11.64}$$

$$B_3 = \frac{2\lambda\lambda_{m2} + \lambda_{m1}(A_2 - A_1)}{A_1(A_2 - A_1)} \tag{11.65}$$

$$B_4 = \frac{2\lambda\lambda_{m2}}{A_1(A_1 - A_2)} \tag{11.66}$$

$$P_3(t) = B_5 - B_6 \mathrm{e}^{-A_1 t} - B_7 \mathrm{e}^{-A_2 t} \tag{11.67}$$

其中

$$B_5 = \frac{2\lambda^2}{A_1 A_2} \tag{11.68}$$

$$B_6 = \frac{2\lambda^2}{A_1(A_2 - A_1)} \tag{11.69}$$

$$B_7 = \frac{2\lambda^2}{A_2(A_1 - A_2)} \tag{11.70}$$

系统可靠性为

$$R_S(t) = P_0(t) + P_1(t) \tag{11.71}$$

$$= e^{-A_1 t} + B_1 (e^{-A_1 t} - e^{-A_2 t})$$

式中:$R_S(t)$ 为时间 t 时系统可靠性。

系统平均无故障时间为[1,8]

$$\mathrm{MTTF_S} = \int_0^\infty R_S(t)\,\mathrm{d}t \tag{11.72}$$

$$= \int_0^\infty \left[e^{-A_1 t} + B_1 (e^{-A_1 t} - e^{-A_2 t}) \right]\mathrm{d}t$$

$$= \frac{3\lambda + \lambda_{m2}}{(2\lambda + \lambda_{m1})(2\lambda + \lambda_{m2})}$$

式中:$\mathrm{MTTF_S}$ 为系统平均无故障时间。

案例 11.6

假设一个系统由两个相互独立且完全一样的单元并联组成。当两个单元都在正常运行的状态下,单元的固定故障率为 0.02 故障/h,维修失误与其他失误的固定失误率为 0.004 失误/h。在只有一个单元正常运行的情况下,维修失误或者其他失误的固定失误率为 0.001 失误/h。计算系统的平均无故障时间。

通过将给定的数值代入式(11.72),得

$$\mathrm{MTTF_S} = \frac{3(0.02) + 0.001}{[2(0.02) + 0.004](0.02 + 0.001)}$$

$$= 66.01(\mathrm{h})$$

因此,系统的平均无故障时间为 66.01h。

11.4.2　模型 Ⅱ

模型 Ⅱ 描述了一个由两个相互独立且完全一样的单元并联组成的系统,该系统受到定期维修与故障单元修复。系统或者单元可能由于硬件故障或者维修失误或者其他失误产生故障。

系统状态空间图如图 11.6 所示,在圆圈与方框内的数字表示系统状态。该模型服从于以下假设。

● 两个单元相互独立,完全一样,且都处于激活状态。

● 所有的故障率,失误率和修复率都是常数。

● 所有的故障失效和人为失误都是独立发生的。

● 由于维修失误或者其他失误造成了整体系统故障失效。

● 维修失误或者其他失误发生时,可能系统中的两个单元都处于良好工作状态,或者其中一个单元处于良好工作状态。

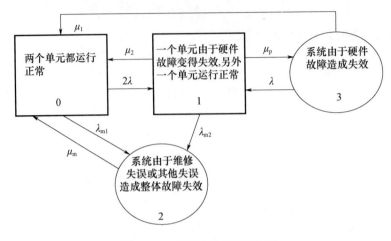

图 11.6　模型 II 的状态空间图

●修理好的系统或者单元与没有维修过的新系统或者单元性能一样良好。

图 11.6 中使用了以下符号。

λ 为单元的固定故障率。

λ_{m1} 为当两个单元都在正常运行的状态下,发生维修失误或者其他失误的固定失误率。

λ_{m2} 为当只有一个单元在正常运行的状态下发生维修失误或者其他失误的固定失误率。

j 为系统的第 j 个状态:$j=0$(两个单元都运行正常),$j=1$(一个单元由于硬件故障变得失效,另外一个单元运行正常),$j=2$(系统由于维修失误或者其他失误造成整体故障失效),$j=3$(系统由于硬件故障造成失效)。

$P_j(t)$ 为系统在时间 t 状态 j 下的概率,$j=0,1,2,3$。

μ_1 为系统从状态 3 到状态 0 的固定修复率。

μ_2 为系统从状态 1 到状态 0 的固定修复率。

μ_m 为系统从状态 2 到状态 0 的固定修复率。

μ_p 为系统从状态 3 到状态 1 的固定修复率。

通过使用马尔可夫方法与图 11.6,得[1,8]

$$\frac{dP_0(t)}{dt} + (2\lambda + \lambda_{m1})P_0(t) = P_1(t)\mu_2 + P_3(t)\mu_1 + P_2(t)\mu_m \quad (11.73)$$

$$\frac{dP_1(t)}{dt} + (\lambda + \lambda_{m2} + \mu_2)P_1(t) = P_0(t)2\lambda + P_3(t)\mu_p \quad (11.74)$$

$$\frac{\mathrm{d}P_2(t)}{\mathrm{d}t} + \mu_\mathrm{m} P_2(t) = P_0(t)\lambda_{\mathrm{m}_1} + P_1(t)\mu_{\mathrm{m}_2} \tag{11.75}$$

$$\frac{\mathrm{d}P_3(t)}{\mathrm{d}t} + (\mu_\mathrm{p} + \mu_1)P_3(t) = P_1(t)\lambda \tag{11.76}$$

当 $t=0$ 时，$P_0(0)=1$，$P_1(0)=0$，$P_2(0)=0$，以及 $P_3(0)=0$。

通过解式(11.73)~式(11.76)，得到以下稳定状态可靠性方程组[1,8]：

$$P_0(t) = \left[1 + D_1 + 2\lambda^2 D + \frac{1}{\mu_\mathrm{m}}(\lambda_{\mathrm{m}_1} + D_1\lambda_{\mathrm{m}_2}) \right]^{-1} \tag{11.77}$$

其中

$$D = \left[(\mu_1 + \mu_\mathrm{p})(\lambda + \lambda_{\mathrm{m}_2} + \mu_2) - \lambda\mu_\mathrm{p} \right]^{-1}$$

$$D_1 = 2\lambda(1 + \lambda\mu_\mathrm{p} D)/(\lambda + \lambda_{\mathrm{m}_2} + \mu_2)$$

$$P_1 = P_0 D_1 \tag{11.78}$$

$$P_2 = P_0(\lambda_{\mathrm{m}_1} + D_1\lambda_{\mathrm{m}_2})/\mu_\mathrm{m} \tag{11.79}$$

$$P_3 = P_0 2\lambda^2 D \tag{11.80}$$

式中：P_0 为系统在状态 0 时的稳定状态概率；P_1 为系统在状态 1 时的稳定状态概率；P_2 为系统在状态 2 时的稳定状态概率；P_3 为系统在状态 3 时的稳定状态概率。

系统的稳定状态有效性为

$$\mathrm{AV_{SS}} = P_0 + P_1 \tag{11.81}$$

式中：$\mathrm{AV_{SS}}$ 为系统稳定状态有效性。

与该模型有关的补充信息在文献[1,9]中可以找到。

11.5　问　题

1. 一名维修人员在执行一项特定的任务，他(她)的失误率为 0.004 失误/h(即人为失误时间呈指数分布)。计算该名维修人员在执行一项持续 8h 任务期间的可靠性。

2. 使用式(11.27)证明式(11.28)。

3. 假设一名维修人员在正常环境下固定失误率为 0.0002 失误/h，在压力环境下的固定失误率为 0.0006 失误/h。从正常环境变为压力环境的转变率的值为 0.004 次/h，从压力环境变为正常环境的转变率为 0.006 次/h。计算该名维修人员的平均无人为失误时间。

4. 证明式(11.32)～式(11.34)的和等于整数,并解释原因。

5. 一个系统可能由于维修人员产生的人为失误造成故障失效,也可能由于硬件故障造成失效。系统的人为失误固定概率为0.0002失误/h,硬件故障的固定概率为0.0008故障/h。计算在一项持续10h的任务中该系统由于维修人员产生的人为失误造成的故障失效的概率。

6. 利用式(11.37)～式(11.39)证明式(11.40)～式(11.42)。

7. 利用式(11.49)证明式(11.51)。

8. 假设对于一个系统我们能够获得以下数据:

$\lambda = 0.008$ 个故障/h

$\lambda_1 = 0.0001$ 个失误/h

$\lambda_2 = 0.002$ 个故障/h

$\mu = 0.03$ 次修理/h

$\mu_1 = 0.004$ 次修理/h

$\mu_2 = 0.03$ 次修理/h

使用式(11.51)计算由于维修人员产生的人为失误造成系统性能降低的稳定状态概率。

9. 一个系统由两个相互独立且完全一样的单元并联组成。当两个单元都正常运行时,单元的固定故障率为0.03故障/h,而维修失误或者其他失误的固定失误率为失误/h。当只有一个单元运行正常时,维修失误或者其他失误的固定失误率为0.002失误/h。计算系统的平均无故障时间。

10. 使用式(11.73)～式(11.76)证明式(11.77)～式(11.80)。

参考文献

[1] Dhillon,B. S. ,Human Reliability:With Human Factors,Pergamon Press,New York,1986.

[2] Regulinski,T. L. ,Askren,W. B. ,Stochastic Modeling of Human Performance Effectiveness Functions,Proceedings of the Annual Reliability and Maintainability Symposium,1972,pp. 407 – 416.

[3] Dhillon,B. S. ,Human Reliability and Error in Transportation Systems,Springer,London,2007.

[4] Askren,W. B. ,Regulinski,T. L. ,Quantifying Human Performance for Reliability Analysis of Systems,Human Factors,Vol. 11,1969,pp. 393 – 396.

[5] Regulinski,T. L. ,Askren,W. B. ,Mathematical Modeling of Human Performance Reliability,Proceedings of the Annual Symposium on Reliability,1969,pp. 5 – 11.

[6] Dhillon,B. S. ,Stochastic Models for Predicting Human Reliability,Microelectronics and Reliability,Vol. 25,

1985,pp. 729 – 752.

[7] Dhillon,B. S. ,Design Reliability:Fundamentals and Applications,CRC Press,Boca Raton,FL,1999.

[8] Dhillon,B. S. ,Engineering Maintenance:A Modern Approach,CRC Press,Boca Raton,FL,2002.

[9] Dhillon,B. S. ,Rayapati,S. N. ,Analysis of Redundant Systems with Human Errors,Proceedings of the Annual Reliability and Maintainability Symposium,1985,pp. 315 – 321.

附　录

A. 1　引　言

在过去数年里,在工程维修中人的可靠性、人为失误与人为因素方面有大量的出版物,这些出版物以期刊文章、会议论文、技术报告等形式发表。该附录介绍了一个与工程维修中人的可靠性、人为失误和人为因素直接或者间接有关的精选出版物的详尽目录。

该目录涵盖的时期从 1929 年开始直到 2007 年。这份目录的主要目标是为读者提供足够的数据源作为关于工程维修中人的可靠性、人为失误与人为因素的补充信息。

A. 2　出版物

1. Adams,S. K. ,Sabri,Z. A. ,Husseiny,A. A. ,Maintenance and Testing Errors in Nuclear Power Plants:A Preliminary Assessment,Proceedings of the Human Factors 24th Annual Meeting,1980,280 – 284.

2. Agnihotri,R. K. ,Singhal,G. ,Khandelwal,S. K. ,Stochastic Analysis of a Two – Unit Redundant System with Two Types of Failure,Microelectronics and Reliability,Vol. 32,No. 7,1992,pp. 901 – 904.

3. Allen,J. O. Rankin,W. L. ,Use of the Maintenance Error Decision Aid(MEDA)to Enhance Safety and Reliability and Reduce Costs in the Commercial Aviation Industry,Proceedings of the Tenth Federal Aviation Administration Meeting on Human Factors Issues in Aircraft Maintenance and Inspection:Maintenance Performance Enhancement and Technician Resource Management,1996,pp. 79 – 87.

4. Allen,J. P. ,Marx,D. M. ,Maintenance Error Decision Aid Project,Proceedings of the Eighth Federal Aviation Administration Meeting on Human Factors Issues

144

in Aircraft Maintenance and Inspection: Trends and Advances in Aviation Maintenance Operations,1994,pp. 101 – 116.

5. Allen,J. P. ,Rankin,W. L. ,Summary of the Use and Impact of the Maintenance Error Decision Aid(MEDA) on the Commercial Aviation Industry,Proceedings of the International Air Safety Seminar,1995,pp. 359 – 369.

6. Amalberti,R. ,Wioland,L. ,Human Error in Aviation,Proceedings of the International Aviation Safety Conference on Aviation Safety: Human Factors,System Engineering Flight Operations,Economics,and Strategies Management. 1997,pp. 91 – 108.

7. Anderson, D. E. , Malone, T. B. , Baker, C. C. , Recapitalizing the Navy through Optimized Manning and Improved Reliability,Naval Engineers Journal,November 1998,pp. 61 – 72.

8. Bacchi,M. ,Cacciabue,C. ,O'Connor,S. ,Reactive and Proactive Methods for Human Factors Studies in Aviation Maintenance,Proceedings of the Ninth International Symposium on Aviation Psychology,1997,pp. 991 – 996.

9. Balkey,J. P. ,Human Factors Engineering in Risk – Based Inspections,Safety Engineering and Risk Analysis,Vol. 6,1996,pp. 97 – 106.

10. Banker,R. D. ,Datar,S. M. ,Kemerer,C. F. ,Software Errors and Software Maintenance Management,Information Technology and Management,Vol. 3,No. 1 – 2,2002,25 – 41.

11. Benham,H. ,Spreadsheet Structure and Maintenance Errors,Proceedings of the Information Resources Management Association International Conference,1993, pp. 262 – 267.

12. Blackmon, R. B. , Gramopadhye, A. K. , Using the Aircraft Inspector's Training System to Improve the Quality of Aircraft Inspection,Proceedings of the 5th Industrial Engineering Research Conference,1996,pp. 447 – 452.

13. Blenkinsop,G. ,Only Human,Quality World,Vol. 29,No. 12,2003,pp. 24 – 29.

14. Bos, T. , Hoekstra, R. , Reduction of Error Potential in Aircraft Maintenance,Available from the Human Factors Department,National Aerospace Laboratory NLR,P. O. Box 90502,1006 BM Amsterdam,The Netherlands.

15. Bowen,J. B. ,Software Maintenance: An Error – Prone Activity,Proceedings of the IEEE Software Maintenance Workshop,1984,pp. 102 – 105.

16. Brackenbury,K. F. ,The Human Factor in Maintenance,Motor Transport,

Vol. 48, No. 1243 – 1245, Jan. 1929, pp. 5 – 6, 53 – 54, and 81 – 82.

17. Bradley, E. A., Case Studies in Disaster – A Coded Approach, International Journal of Pressure Vessels & Piping, Vol. 61, No. 2 – 3, 1995, pp. 177 – 197.

18. Braithwaite, G. R., A Safe Culture or Safety Culture, Proceedings of the Ninth International Symposium on Aviation Psychology, 1997, pp. 1029 – 1031.

19. Carr, M. J., Christer, A. H., Incorporating the Potential for Human Error in Maintenance Models, Journal of the Operational Research Society, Vol. 54, No. 12, 2003, pp. 1249 – 1253.

20. Cavalier, M. P., Knapp, G. M., Reducing Preventive Maintenance Cost Error Caused by Uncertainty, Journal of Quality in Maintenance Engineering, Vol. 2, No. 3, 1996, pp. 21 – 36.

21. Celeux, G., Corset, F., Garnero, M. A., Breuils, C., Accounting for Inspection Errors and Change in Maintenance Behaviour, IMA Journal of Management Mathematics, Vol. 13, No. 1, 2002, pp. 51 – 59.

22. Chandler, T. N., Reducing Federal Aviation Regulation (FAR) Errors through STAR, Proceedings of the 11th FAA/A AM Meeting on Human Factors in Aviation Maintenance and Inspection, 1997, pp. 108 – 118.

23. Cheng – Yi, L., Optimization of Maintenance, Production and Inspection Strategies While Considering Preventive Maintenance Error, Journal of Information and Optimization Sciences, Vol. 25, No. 3, 2004, pp. 543 – 555.

24. Chervak, S. G., Drury, C. G., Human Factors Audit Program for Maintenance, in Human Factors in Aviation Maintenance – Phase V: Progress Report, Office of Aviation Medicine, Federal Aviation Administration, Washington, D. C., 1995, pp. 93 – 126.

25. Chien – Kuo, S., Cheng – Yi, L., Optimizing an Integrated Production and Quality Strategy Considering Inspection and Preventive Maintenance Errors, Journal of Information and Optimization Sciences, Vol. 27, No. 3, 2006, pp. 577 – 593.

26. Christensen, J. M., Human Factors in Maintenance, Proceedings of the Conference on Pressure Vessel Piping Technology, 1985, pp. 721 – 731.

27. Chung, W. K., Reliability Analysis of a Repairable Parallel System with Standby Involving Human Error and Common – Cause Failure, Microelectronics and Reliability, Vol. 27, No. 2, 1987, pp. 269 – 271.

28. Ciavarelli, A. J. , Organizational Factors in Aviation Accidents, Proceedings of the Ninth International Symposium on Aviation Psychology, April 27 – May 1, 1997, pp. 310 –316.

29. Cunningham, B. G. , Maintenance Human Factors at Northwest Airlines, Proceedings of the 10th Federal Aviation Administration, Meeting on Human Factors Issues in Aircraft Maintenance and Inspection: Maintenance Performance Enhancement and Technician Resource Management, 1996, pp. 43 –53.

30. Danahar, J. W. , Maintenance and Inspection Issues in Aircraft Accidents/ Incidents, Proceedings of the Meeting on Human Factors Issues in Aircraft Maintenance and Inspection, 1989, pp. A9 – A11.

31. Daniels, R. W. , The Formula for Improved Plant Maintainability Must Include Human Factors, Proceedings of the IEEE 3rd Conference on Human Factors and Power Plants, 1985, pp. 242 –244.

32. Darwish, M. A. , Ben – Daya, M. , Effect of Inspection Errors and Preventive Maintenance on a Two – Stage Production Inventory System, International Journal of Production Economics, Vol. 107, No. 1, 2007, pp. 301 –303.

33. Desormiere, D. , Impact of New Generation Aircraft on the Maintenance Environment and Work Procedures, Proceedings of the 5th Federal Aviation Administration Meeting on Human Factors Issues in Aircraft Maintenance and Inspection: The Work Environment in Aviation Maintenance, 1992, pp. 124 –134.

34. Dhillon, B. S. , Hutnan Reliability: With Human Factors, Pergamon Press, New York, 1986.

35. Dhillon, B. S. , Modeling Human Errors in Repairable Systems, Proceedings of the Annual Reliability and Maintainability Symposium, 1989, pp. 418 –424.

36. Dhillon, B. S. , Engineering Maintenance: A Modem Approach, CRC Press, Boca Raton, Florida, 2002.

37. Dhillon, B. S. , Liu, Y. , Human Error in Maintenance: A Review, Journal of Quality in Maintenance Engineering, Vol. 12, No. 1, 2006, pp. 21 –36.

38. Dhillon, B. S. , Rayapati, S. N. , Human Error and Common – Cause Failure Modelling of Standby Systems, Maintenance Management International, Vol. 7, No. 2, 1988, pp. 93 –110.

39. Dhillon, B. S. , Rayapati, S. N. , Human Error Modelling of Parallel and

Standby Redundant Systems, International Journal of Systems Science, Vol. 19, No. 4, 1988, pp. 589 – 611.

40. Dhillon, B. S. , Yang, N. , Probabilistic Analysis of a Maintainable System with Human Error, Journal of Quality in Maintenance Engineering, Vol. 1, No. 2, 1995, pp. 50 – 59.

41. Dhillon, B. S. , Yang, N. F. , Human Error Analysis of a Standby Redundant System with Arbitrarily Distributed Repair Times, Microelectronics and Reliability, Vol. 33, No. 3, 1993, pp. 431 – 444.

42. Dhillon, B. S. , Yang, N. F. , Probabilistic Analysis of a Maintainable System with Human Error, Journal of Quality in Maintenance Engineering, Vol. 1, No. 2, 1995, pp. 50 – 59.

43. Doll, R. , Maintenance and Inspection Issues in Air Carrier Operations, In Human Factors Issues in Aircraft Maintenance and Inspection, Report No. DOT/FAA/ AAM – 89/9, Office of the Aviation Medicine, Federal Aviation Administration, Washington, D. C. , 1989, pp. A33 – 36.

44. Dorn, M. D. , Effects of Maintenance Human Factors in Maintenance – Related Aircraft Accidents, Transportation Research Record, No. 1517, 1996, pp. 17 – 28.

45. Drury, C. G. , Errors in Aviation Maintenance: Taxonomy and Control, Proceedings of the 35th Annual Meeting of the Human Factors Society, 1991, pp. 42 – 46.

46. Drury, C. G. , Murthy, M. R. , Wenner, C. L. , A Proactive Error Reduction System, Proceedings of the 11th Federal Aviation Administration Meeting on Human Factors Issues in Aircraft Maintenance and Inspection: Human Error in Aviation Maintenance, 1997, pp. 91 – 103.

47. Drury, C. G. , Rangel, J. , Reducing Automation – Related Errors in Maintenance and Inspection, In Human Factors in Aviation Maintenance – Phase VI: Progress Report, Vol. II, Office of Aviation Medicine, Federal Aviation Administration, Washington, D. C. , 1996, pp. 281 – 306.

48. Drury, C. G. , Shepherd, W. T. , Johnson, W. B . , Error Reduction in Aviation Maintenance, Proceedings of the 13th Triennial Congress of the International Ergonomics Association, 1997, pp. 31 – 33.

49. Drury, C. G. , Spencer, F. W. , Measuring Human Reliability in Aircraft Inspection, Proceedings of the 13th Triennial Congress of the International Ergonomics

Association,1997,pp,34 – 36.

50. Drury,C. G. ,Wenner,C. L. ,Murthy,M. ,A Proactive Error Reduction System,Proceedings of the 11th FAA/AAM Meeting on Human Factors in Aviation Maintenance and Inspection,1997,pp. 93 – 106.

51. Drury,C. G. ,Wenner,C. L. ,Murthy,M. ,A Proactive Error Reporting System,In Human Factors in Aviation Maintenance – Phase VII:Progress Report,Office of Aviation Medicine, Federal Aviation Administration, Washington, D. C. , 1997, pp. 173 – 184.

52. Dunn,S. ,Managing Human Error in Maintenance,Available from Assetivity Pty Ltd. ,P. O. Box 1315,Booragoon,WA 6154,U. S. A.

53. Duphily,R. J. ,Human Factors Considerations during Operations and Maintenance,Proceedings of the IEEE Global Telecommunications Conference and Exhibition,1989,pp. 792 – 794.

54. DuPont,G. ,The Dirty Dozen Errors in Maintenance,Proceedings of the 11th FAA/ AAM Meeting on Human Factors in Aviation Maintenance and Inspection, 1997,pp. 49 – 52.

55. Eiff,G. M. ,Lopp,D. ,Abdul,Z. ,Lapacek,M. ,Ropp,T. ,Practical Considerations of Maintenance Human Factors for Line Operations,Proceedings of the 11th FAA/ AAM Meeting on Human Factors in Aviation Maintenance and Inspection, 1997,pp. 125 – 139.

56. Emling,J. W. ,Human Factors in Transmission Maintenance,Bell Laboratories Record,Vol. 40,No. 4,1962,pp. 130 – 136.

57. Endsley, M. R. , Robertson, M. M. , Team Situation Awareness in Aviation Maintenance,Proceedings of the 10th Federal Aviation Administration Meeting on Human Factors Issues in Aircraft Maintenance and Inspection:Maintenance Performance Enhancement and Technician Resource Management,1996,pp. 95 – 101.

58. Endsley,M. R. ,Robertson,M. M. ,Situation Awareness in Aircraft Maintenance Teams,International Journal of Industrial Ergonomics,Vol. 26,2000,pp. 301 – 325.

59. Eves,D. C. T. ,Deadly Maintenance:A Study of Fatal Accidents at Work, Her Majesty's Stationery Office(HMSO),London,UK,1985.

60. Fitzpatrik , J. , Wright, M. , Qantas Engineering and Maintenance Human

Factors:The Human Error and Accident Reduction(HEAR) Programme,Proceedings of the 11th FAA/AAM Meeting on Human Factors in Aviation Maintenance and Inspection,1997,pp. 25 – 34.

61. Ford,T. ,Three Aspects of Aerospace Safety:Human Factors in Airline Maintenance, Aircraft Engineering and Aerospace Technology, Vol. 69, No. 3, 1997, pp. 262 – 264.

62. Fotos,C. P. ,Continental Applies CRM Concepts to Technical,Maintenance Corps,Aviation Week and Space Technology,August 26,1991,pp. 32 – 35.

63. Gertman,D. I. ,Conversion of a Mainframe Simulation for Maintenance Performance to a PC Environment, Reliability Engineering & System Safety, Vol. 38, No. 3,1992,pp. 211 – 217.

64. Goglia,J. ,Maintenance Training:A Review from the Floor,Proceedings of the 3rd Federal Aviation Administration Meeting on Human Factors Issues in Aircraft Maintenance and Inspection:Training Issues,1990,pp. 79 – 82.

65. Graeber, R. C. , Marx, D. A. , Reducing Human Error in Aircraft Maintenance Operations,Proceeding of the 46th Annual International Air Safety Seminar & International Federation of Airworthiness 23rd International Conference, November 8 – 11,1993,pp. 147 – 157.

66. Graham,D. B. ,Kuenzi,J. K. ,Error Control Systems at Northwest Airlines, Proceedings of the 11th FAA/AAM Meeting on Human Factors in Aviation Maintenance and Inspection,1997,pp. 35 – 41.

67. Gramopadhye, A. K. , Drury, C. G. , Human Factors in Aviation Maintenance:How We Get to Where We Are? International Journal of Industrial Ergonomics,Vol. 26,No. 2,2000,pp. 125 – 131.

68. Gramopadhye,A. K. ,Drury,C. G. ,Prabhu,P. ,Training for Aircraft Visual Inspection,Human Factors and Ergonomics in Manufacturing,Vol. 3,1997,pp. 171 – 196.

69. Grubb,N. S. ,Inspection and Maintenance Issues in Commuter Air Carrier Operations,Proceedings of the Meeting on Human Factors Issues in Aircraft Maintenance and Inspection,1989,pp. A37 – A41.

70. Gupta,P. P. ,Sharma,R. K. ,Reliability Analysis of a Two State Repairable Parallel Redundant System Under Human Failure, Microelectronics and Reliability, Vol. 26,No. 2,1986,pp. 221 – 224.

71. Gupta,P. P. ,Singhal,A. ,Singh,S. P. ,Cost Analysis of a Multi – Component Parallel Redundant Complex System with Overloading Effect and Waiting under Critical Human Error,Microelectronics and Reliability,Vol. 31,No. 5,1991,pp. 865 – 868.

72. Hal,D. ,The Role of Human Factors Training and Error Management in the Aviation Maintenance Safety System,Proceedings of the Flight Safety Foundation Annual International Air Safety Seminar,2005,pp. 245 – 249.

73. Havard,S. ,Why Adopt a Human Factors Program in Engineering? Proceedings of the Third Australian Aviation Psychology Symposium,1995,pp. 394 – 399.

74. Hibit,R. ,Marx,D. A. ,Reducing Human Error in Aircraft Maintenance Operations with the Maintenance Error Decision Aid(MEDA),Proceedings of the Human Factors and Ergonomics Society 38th Annual Meeting,1994,pp. 111 – 114.

75. Hobbs, A. , Maintenance Mistakes and System Solutions, Asia Pacific Air Safety,Vol. 21,1999,pp. 1 – 7.

76. Hobbs, A. , Robertson, M. M. , Human Factors in Aircraft Maintenance Workshop Report,Proceedings of the Third Australian Aviation Psychology Symposium,1995,pp. 468474.

77. Hobbs, A. , Williamson, A. , Human Factors in Airline Maintenance, Proceedings of the Australian Aviation Psychology Symposium,1995,pp. 384 – 393.

78. Hobbs,A. ,Williamson,A. ,Skills,Rules and Knowledge in Aircraft Maintenance:Errors in Context,Ergonomics,Vol. 45,No. 4,2002,pp. 290 – 308.

79. Hobbs,A. ,Williamson,A. ,Associations between Errors and Contributing Factors in Aircraft Maintenance,Human Factors,Vol. 42,No. 2,2003,pp. 186 – 201.

80. Huang,W. G. ,Zhang,L. ,Cause Analysis and Preventives for Human Error Events in Daya Bay NPP, Dongli Gongcheng/Nuclear Power Engineering, Vol. 19, No. 1,1998,pp. 64 – 67,76.

81. Isoda,H. ,Yasutake,J. Y. ,Human Factors Interventions to Reduce Human Errors and Improve Productivity in Maintenance Tasks,Proceedings of the International Conference on Design and Safety of Advanced Nuclear Power Plants, 1992, pp. 34. 4/1 – 6.

82. Ivaturi,S. ,Gramopadhye,A. K. ,Kraus,D. ,Blackmon,R. ,Team Training to Improve the Effectiveness of Teams in the Aircraft Maintenance Environment,Proceedings of the Human Factors and Ergonomics Society 39th Annual Meeting,1995,

pp. 1355 – 1359.

83. Jacob, M. , Narmada, S. , Varghese, T. , Analysis of a Two Unit Deteriorating Standby System with Repair, Microelectronics and Reliability, Vol. 37, No. 5, 1997, pp. 857 – 861.

84. Jacobsson, L. , Svensson, O. , Psychosocial Work Strain of Maintenance Personnel during Annual Outage and Normal Operation in a Nuclear Power Plant, Proceedings of the Human Factors Society 35th Annual Meeting, Vol. 2, 1991, pp. 913 – 917.

85. Johnson, W. B. , National Plan for Aviation Human Factors: Maintenance Research Issues, Proceedings of the Human Factors Society Annual Meeting, 1991, pp. 28 – 32.

86. Johnson, W. B. , Human Factors in Maintenance: An Emerging System Requirement, Ground Effects, Vol. 2, 1997, pp. 6 – 8.

87. Johnson, W. B. , Norton, J. E. , Using Intelligent Simulation to Enhance Human Performance in Aircraft Maintenance, Proceedings of the International Conference on Aging Aircraft and Structural Airworthiness, 1991, pp. 305 – 311.

88. Johnson, W. B, Rouse, W. B. , Analysis and Classification of Human Error in Troubleshooting Live Aircraft Power Plants, IEEE Transactions on Systems' Man, and Cybernetics, Vol. 12, No. 3, 1982, pp. 389 – 393.

89. Johnson, W. B. , Shepherd, W. T. , Human Factors in Aviation Maintenance: Research and Development in the USA, Proceedings of the ICAO Flight Safety and Human Factors Seminar, 1991, pp. B. 192 – B. 228.

90. Johnson, W. B. , Shepherd, W. T. , The Impact of Human Factors Research on Commercial Aircraft Maintenance and Inspection, Proceedings of the Flight Safety Foundation 46th Annual International Air Safety Seminar, 1993, pp. 187 – 200.

91. Jones, J. A. , Widjaja, T. K. , Electronic Human Factors Guide for Aviation Maintenance, Proceedings of the Human Factors and Ergonomics Society Annual Meeting, 1995, pp. 71 – 74.

92. Joong, N. K. , The Development of K – HPES: A Korean – Version Human Performance Enhancement System, Proceedings of IEEE Sixth Annual Human Factors Meeting, 1997, pp. 1/16 – 1/20.

93. Kania, J. , Panel Presentation on Airline Maintenance Human Factors, Proceedings of the 10th FAA Meeting on Human Factors in Aircraft, FAA/AAM Human

Factors in Aviation Maintenance and Inspection Research Phase Reports (1991 – 1999) , Brussels , Belgium , 1997.

94. Kanki , B. , Managing Procedural Error in Maintenance , Proceedings of the Flight Safety Foundation Annual International Air Safety Seminar , 2005 , pp. 233 – 244.

95. Kanki , B. G. , Walter , D. , Reduction of Maintenance Error Through Focused Interventions , Proceedings of the 11th FAA/AAM Meeting on Human Factors in Aviation Maintenance and Inspection , 1997 , pp. 120 – 124.

96. Kirby , M. J. , Klein , R. L. , Separation of Maintenance and Operator Errors from Equipment Failures , Proceedings of the Product Assurance Conference and Technical Exhibit , 1969 , pp. 17 – 27.

97. Klein , R. , The Human Factors Impact of an Export System Based Reliability Centered Maintenance Program , Proceedings of the IEEE Conference on Human Factors and Power Plants , 1992 , pp. 241 – 245.

98. Knee , H. E. , The Maintenance Personnel Performance Simulation (MAPPS) Model : A Human Reliability Analysis Tool , Proceedings of the International Conference on Nuclear Power Plant Aging , Availability Factor and Reliability Analysis , 1985 , pp. 77 – 80.

99. Koli , S. , Chervak , S. , Drury , C. G. , Human Factors Audit Programs for Nonrepetitive Tasks , Human Factors and Ergonomics in Manufacturing , Vol. 8 , No. 3 , 1998 , pp. 215 – 231.

100. Komarniski , R. , Maintenance Human Factors and the Organization , Proceedings of the Corporate Aviation Safety Seminar , 1999 , pp. 265 – 267.

101. Kraus , D. , Gramopadhye , A. K , Role of Computers in Team Training : The Aircraft Maintenance Environment Example , Proceedings of the 11th FAA/AAM Meeting on Human Factors in Aviation Maintenance and Inspection , 1997 , pp. 54 – 57.

102. Kuo – Wei , S. , Shueue – Ling , H. , Thu – Hua , L. , Knowledge Architecture and Framework Design for Preventing Human Error in Maintenance Tasks , Expert Systems and Applications , Vol. 19 , No. 3 , 2000 , pp. 219 – 228.

103. Lafaro , R. J. , Maintenance Resource Management : It Can't Be Crew Resource Management Re – packaged , Proceedings of the 11th FAA/AAM Meeting on Human Factors in Aviation Maintenance and Inspection , 1997 , pp. 68 – 81.

104. Latorella , K. A. , Drury , C. G. , Human Reliability in Aircraft Inspection , In

Human Factors in Aviation Maintenance Phase II: Progress Report, Report No. DOT/ FAA/ AM – 93/5, Office of Aviation Medicine, Federal Aviation Administration, Washington, D. C. ,1993, pp. 63 – 144.

105. Latorella, K. A. , Drury, C. G. A. , Framework for Human Reliability in Aircraft Inspection, Proceedings of the 7th Federal Aviation Administration Meeting on Human Factors Issues in Aircraft Maintenance and Inspection: Science, Technology, and Management: A Program Review, 1992, pp. 71 – 82.

106. Latorella, K. A. , Prabhu, P. V. , Review of Human Error in Aviation Maintenance and Inspection, International Journal of Industrial Ergonomics, Vol. 26, No. 2, 2000, pp. 133 – 161.

107. Layton, C. F. , Shepherd, W. T. , Johnson, W. B. , Human Factors and Aircraft Maintenance, Proceedings of the International Air Transport Association 22nd Technical Conference on Human Factors in Maintenance, 1993, pp. 143 – 154.

108. Layton, C. F, Shepherd, W. T. , Johnson, W. B. , Norton, J. E. , Enhancing Human Reliability with Integrated Information Systems for Aviation Maintenance, Proceedings of the Annual Reliability and Maintainability Symposium, 1993, pp. 498 – 502.

109. Lee, J. W. , Oh, I. S. , Lee, H. C. , Lee, Y. H. , Sim, B. S. , Human Factors Research in KAERI for Nuclear Power Plants, Proceedings of the IEEE Sixth Annual Human Factors Meeting, 1997, pp. 13/11 – 13/16.

110. Lee, S. C. , Lee, E. T. , Wang, Y. M. , A New Scientific Accuracy Measure for Performance Evaluation of Human – Computer Diagnostic Systems, Proceedings of SP1E ~ The International Society for Optical Engineering Conference, Vol. 4553, 2001, pp. 203 – 214.

111. Maddox, M. E. , Introducing a Practical Human Factors Guide into the Aviation Maintenance Environment, Proceedings of the Human Factors and Ergonomics Society 38th Annual Meeting, 1994, pp. 101 – 105.

112. Maddox, M. E. , Providing Useful Human Factors Guidance to Aviation Maintenance Practitioners, Proceedings of the Human Factors and Ergonomics Society 39th Annual Meeting, 1995, pp. 66 – 70.

113. Maillart, L. M. , Pollock, S. M. , The Effect of Failure – Distribution Specification – Errors on Maintenance Costs, Proceedings of the Annual Reliability and Maintainability Symposium, 1999, pp. 69 – 77.

114. Maintenance Error Decision Aid, Boeing Commercial Airplane Group, Seattle, Washington, 1994.

115. Majoros, A. E. , Human Performance in Aircraft Maintenance: The Role of Aircraft Design, Proceedings of the Meeting on Human Factors Issues in Aire raft Maintenance and Inspection, 1989, pp. A25 – A32.

116. Majoros, A. E. , Human Factors Issues in Manufacturers' Maintenance – Related Communication, Proceedings of the 2nd Federal Aviation Administration Meeting on Human Factors Issues in Aircraft Maintenance and Inspection: Information Exchange and Communications, 1990, pp. 59 – 68.

117. Majoros, A. E. , Aircraft Design for Maintainability with Future Human Models, Proceedings of the 6th Federal Aviation Administration Meeting on Human Factors Issues in Aircraft Maintenance and Inspection: Maintenance 2000, 1992, pp. 49 – 63.

118. Manwaring, J. C. , Conway, G. A. , Garrett, L. C. , Epidemiology and Prevention of Helicopter External Load Accidents, Journal of Safety Research, Vol. 29, No. 2, 1998, pp. 107 – 121.

119. Marksteiner, J. P. , Maintenance, How Much Is Too Much? Proceeding of the 52nd Annual International Air Safety Seminar(IASS), 1999, pp. 85 – 92.

120. Marx, D. A. , Moving Toward 100% Error Reporting in Maintenance, Proceedings of the 11th FAA/AAM Meeting on Human Factors in Aviation Maintenance and Inspection, 1997, pp. 42 – 48.

121. Mason, S. , Measuring Attitudes to Improve Electricians' Safety, Mining Technology, Vol. 78, No. 898, 1996, pp. 166 – 170.

122. Mason, S. , Improving Maintenance by Reducing Human Error, 2007. Available from Health, Safety, and Engineering Consultant Ltd. , 70 Tamworth Road, Ashby – de – la – Zouch, Leicestershire, UK.

123. Masson, M. , Koning, Y. , How to Manage Human Error in Aviation Maintenance? The Example of a Jar 66 – HF Education and Training Programme, Cognition, Technology & Work, Vol. 3, No. 4, 2001, pp. 189 – 204.

124. McDonald, N. , Human – Centered Management Guide for Aircraft Maintenance, Trinity College Press, Dublin, 2000.

125. McGrath, R. N. , Safety and Maintenance Management: A View from an I-

vory Tower, Proceedings of the Aviation Safety Conference and Exposition, 1999, pp. 21 – 26.

126. McRoy, S. , Preface: Detecting, Repairing and Preventing Human – Machine Miscommunication, International Journal of Human – Computer Studies, Vol. 48, 1998, pp. 547 – 552.

127. McWilliams, T. P. , Martz, H. F. , Human Error Considerations in Determining the Optimum Test Interval for Periodically Inspected Standby Systems, IEEE Transactions on Reliability, Vol. 29, No. 4, 1980, pp. 305 – 310.

128. Meelot, M. , Human Factor in Maintenance Activities in Operation, Proceedings of the 10th International Conference on Power Stations, 1989, 82. 1 – 82. 4.

129. Meghashyam, G. , Electronic Ergonomic Audit System for Maintenance and Inspection, Proceedings of the Human Factors and Ergonomics Society 39th Annual Meeting, 1995, pp. 75 – 78.

130. Moran, J. T. , Human Factors in Aircraft Maintenance and Inspection, Rotorcraft Maintenance and Inspection, Proceedings of the Meeting on Human Factors Issues in Aircraft Maintenance and Inspection, 1989, pp. A42 – A44.

131. Morgan, C. B. , Implementing Training Programs – Operation, Maintenance and Safety, Proceedings of the 30th IEEE Cement Industry Technical Conference, 1988, pp. 233 – 247.

132. Morgenstem, M. H. , Maintenance Management Systems: A Human Factors Issue, Proceedings of the IEEE Conference on Human Factors and Power Plants, 1988, pp. 390 – 393.

133. Mount, F. E. , Human Factor in Aerospace Maintenance, Aerospace America, Vol. 31, No. 10, 1993, pp. 1 – 9.

134. Mulzoff, M. T. , Information Needs of Aircraft Inspectors, Proceedings of the 2nd Federal Aviation Administration Meeting on Human Factors Issues in Aircraft Maintenance and Inspection: Information Exchange and Communications, 1990, pp. 79 – 84.

135. Nakashima, T. , Oyama, M. , Hisada, H. , Ishii, N. , Analysis of Software Bug Causes and Its Prevention, Information and Software Technology, Vol. 41, 1999, pp. 1059 – 1068.

136. Nakatani, Y. , Nakagawa, T. , Terashita, N. , Umeda, Y. , Human Interface Evaluation by Simulation, Proceedings of the IEEE Sixth Annual Human Factors

Meeting, 1997, pp. 7/18 – 7/23.

137. Narmada, S. , Jacob, M. , Reliability Analysis of a Complex System with a Deteriorating Standby Unit under Common – Cause Failure and Critical Human Error, Microelectronics and Reliability, Vol. 36, No. 9, 1996, pp. 1287 – 1290.

138. Nelson, W. E. , Steam Turbine Over Speed Protection, Chemical Processing, Vol. 59, No. 7, 1996, pp. 48 – 54.

139. Nelson, W. R. , Haney, L. N. , Ostrom, L. T. , Richards, R. E. , Structured Methods for Identifying and Correcting Potential Human Errors in Space Operations, Acta Astronautica, Vol. 43, No. 3 – 6, 1998, pp. 211 – 222.

140. Nianfu Yang. , B. S. Dhillon, Stochastic Analysis of a General Standby System with Constant Human Error and Arbitrary System Repair Rates, Microelectronics and Reliability, Vol. 35, No. 7, 1995, pp. 1037 – 1045.

141. Noda, H. , A Soft – Error – Immune Maintenance – Free TCAM Architecture with Associated Embedded DRAM, Proceedings of the IEEE Custom Integrated Circuits Conference, 2005, pp. 451 – 454.

142. Norros, L. , Human and Organisational Factors in the Reliability of Nondestructive Testing (NDT), Proceedings of the Symposium on Finnish Research Programme on the Structural Integrity of Nuclear Power Plants, 1998, pp. 271 – 280.

143. Nunn, R. , Witt, S. A. , Influence of Human Factors on the Safety of Aircraft Maintenance, Proceedings of the International Air Safety Seminar, 1997, pp. 211 – 221.

144. Nunn, R. , Witts, S. A. , The Influence of Human Factors on the Safety of Aircraft Maintenance, Proceedings of the Flight Safety Foundation/International Federation of Airworthiness/ Aviation Safety Conference, 1997, pp. 212 – 221.

145. O' Connor, S. L. , Bacchi, M. , A Preliminary Taxonomy for Human Error Analysis in Civil Aircraft Maintenance Operations, Proceedings of the Ninth International Symposium on Aviation Psychology, 1997, pp. 1008 – 1013.

146. O' Leary, M. , Chappell, S. , Confidential Incidents Reporting Systems Create Vital Awareness of Safety Problems, International Civil Aviation Organization (ICAO) Journal, Vol. 51, 1996, pp. 11 – 13.

147. Oakhill, F. , Human Factor in Maintenance, Factory Management and Maintenance. Vol. 94, No. 4, 1936, pp. 155 – 156.

148. Oldani, R. L. , Maintenance and Inspection from the Manufacturer's Point

of View, Proceedings of the Meeting on Human Factors Issues in Aircraft Maintenance and Inspection, 1989, pp. A17 – A24.

149. Park, K. S. , Jung, K. T. , Estimating Human Error Probabilities from Paired Ratios, Microelectronics and Reliability, Vol. 36, No. 3, 1996, pp. 399 – 401.

150. Parker, J. F. , A Human Factors Guide for Aviation Maintenance, Proceedings of the Federal Aviation Administration Meeting on Human Factors Issues in Aircraft Maintenance and Inspection: Science' Technology, and Management: A Program Review, 1992, pp. 207 – 220.

151. Pearl, A. , Drury, C. G. , Improving the Reliability of Maintenance Checklists, in Human Factors in Aviation Maintenance – Phase V: Progress Report, Office of Aviation Medicine, Federal Aviation Administration, Washington, D. C. , 1995, pp. 127 – 165.

152. Pekka, P. , Kari, L. , Lasse, R. , Study on Human Errors Related to NPP Maintenance Activities, Proceedings of the IEEE Conference on Human Factors and Power Plants, 1997, pp. 12/23 – 12/28.

153. Pekkarinen, A. , Vayrynen, S. , Tornberg, V. , Maintenance Work during Shut – Downs in Process Industry: Ergonomic Aspects, Proceedings of the International Ergonomics Association World Conference, 1993, pp. 689 – 691.

154. Predmore, S. C. , Werner, T. , Maintenance Human Factors and Error Control, Proceedings of the 11th FAA/AAM Meeting on Human Factors in Aviation Maintenance and Inspection, 1997, pp. 82 – 92.

155. Pyy, P. , Laakso, K. , Reiman, L. , A Study on Human Errors Related to NPP Maintenance Activities, Proceedings of the IEEE Conference on Human Factors and Power Plants, 1997, pp. 12/23 – 28.

156. Ramalhoto, M. F. , Research and Education in Reliability, Maintenance, Quality Control, Risk and Safety, European Journal of Engineering Education, Vol. 4, No. 3, 1999, pp. 233 – 237.

157. Raman, J. R. , Gargett, A. , Warner, D. C. , Application of Hazop Techniques for Maintenance Safety on Offshore Installations, Proceedings of the First International Conference on Health, Safety Environment in Oil and Gas Exploration and Production, 1991, pp. 649 – 656.

158. Ramdass, R. , Maintenance Error Management the Next Step at Continental

Airlines, Proceedings of the Flight Safety Foundation Annual International Air Safety Seminar, 2005, pp. 115 – 124.

159. Ramdass, R. , Maintenance Error Management, Proceedings of the European Aviation Safety Seminar, 2006, pp. 2 – 4.

160. Rankin, W. , Hibit, R. , Alien, J. , Sargent, R. , Development and Evaluation of the Maintenance Error Decision Aid(MEDA) Process, International Journal of Industrial Ergonomics, Vol. 26, 2000, pp. 261 – 276.

161. Rankin, W. L. , The Maintenance Error Decision Aid(MEDA) Process, Proceedings of the XIVth Triennial Congress of the International Ergonomics Association and 44th Annual Meeting of the Human Factors and Ergonomics Association, 2000, pp. 795 – 798.

162. Rankin, W. L. , User Feedback Regarding the Maintenance Error Decision Aid (MEDA) Process, Proceedings of the International Air Safety Seminar, 2001, pp. 117 – 124.

163. Rankin, W. L. , Alien, J. P. , Sargent, R. A. , Maintenance Error Decision Aid: Progress Report, Proceedings of the llth FAA/AAM Meeting on Human Factors in Aviation Maintenance and Inspection, 1997, pp. 19 – 23.

164. Rasmussen, J. , Human Errors: A Taxonomy for Describing Human Malfunction in Industrial Installations, Journal of Occupational Accidents, Vol. 4, 1982, pp. 311 – 335.

165. Reason, J. , Human Error, Cambridge University Press, Cambridge, UK, 1990.

166. Reason, J. , Maddox, M. E. , Human Error, in Human Factors Guide for Aviation Maintenance, Report, Office of Aviation Medicine, Federal Aviation Administration, Washington, D. C. , 1996, pp. 14/1 – 14/45.

167. Reason, J. , Approaches to Controlling Maintenance Error, Proceedings of the llth FAA/AAM Meeting on Human Factors in Aviation Maintenance and Inspection, 1997, pp. 9 – 17.

168. Reason, J. , Corporate Culture and Safety, Proceedings of the Symposium on Corporate Culture and Transportation Safety, April 1997, pp. 187 – 194.

169. Reason, J. , Maintenance – Related Errors: The Biggest Threat to Aviation Safety after Gravity? Proceedings of the International Aviation Safety Conference, 1997, pp. 465 – 470.

170. Reason, J. , Cognitive Engineering in Aviation Domain, Lawrence Erlbaum Associates, Mahwah, NJ, 2000.

171. Reason, J. , Hobbs, A. , Managing Maintenance Error: A Practical Guide, Ashgate Publishing Company, Aldershot, UK, 2003.

172. Reiman, L. , Assessment of Dependence of Human Errors in Test and Maintenance Activities, Proceedings of the International Conference Devoted to the Advancement of System – Based Methods for the Design and Operation of Technological Systems and Processes, 1994, pp. 073/23 – 28.

173. Robertson, M. M. , Using Participating Ergonomics to Design and Evaluate Human Factors Training Programs in Aviation Maintenance Operations Environments, Proceedings of the XlXth Triennial Congress of the International Ergonomics Association, 2000, pp. 692 – 695.

174. Rockoff, L. M. , Anderson, D. E. , Evelsizer, L. K. , Human Factors in Aero Brake Design for EVA Assembly and Maintenance, Society of Automotive Engineers (SAE) Transactions, Vol. 100, No. 1 – Part 2, 1991, pp. 1526 – 1536.

175. Rogan, E. , Human Factors in Maintenance and Engineering, In Human Factors in Aviation Maintenance – Phase V: Progress Report, Office of Aviation Medicine, Federal Aviation Administration, Washington, D. C. , 1995, pp. 255 – 259.

176. Rowekamp, M. , Berg, H. – P. , Reliability Data Collection for Fire Protection Features, Kerntechnik, Vol. 65, No. 2, 2000, pp. 102 – 107.

177. Russell, S. G. , The Factors Influencing Human Errors in Military Aircraft Maintenance, Proceedings of the International Conference on Human Interfaces in Control Room, 1999, pp. 263 – 269.

178. Schmidt, J. , Schmorrow, D. , Figloc, R. , Human Factors Analysis of Naval Aviation Maintenance Related Mishaps, Proceedings of the XlVth Triennial Congress of the International Ergonomics Association, 2000, pp. 775 – 778.

179. Schumacher, J. L. , Maintenance Personnel Initiatives in Repair Stations, Proceedings of the 4th Federal Aviation Administration Meeting on Human Factors Issues in Aircraft Maintenance and Inspection: Trends and Advances in Aviation Maintenance Operations, 1994, pp. 63 – 74.

180. Segerman, A. M. , Covariance as a Metric for Catalog Maintenance Error, Proceedings of the AAS/AIAA Space Flight Meeting, 2006, pp. 2109 – 2127.

181. Seminara,J. L. ,Human Factor Methods for Assessing and Enhancing Power Plant Maintainability,Report No. EPRI – NP – 2360,Electric Power Research Institute,Palo Alto,California,1982.

182. Seminara,J. L. ,Parsons,S. O. ,Human Factors Review of Power Plant Maintainability,Report No. EPRI – NP – 1567,Electric Power Research Institute,Palo Alto,California,1981.

183. Seminara, J. L. , Parsons, S. O. , Human Factors Engineering and Power Plant Maintenance, Maintenance Management International, Vol. 6, No. 1 , 1985 , pp. 33 – 71.

184. Shepherd,W. T. ,Human Factors in Aviation Maintenance – Eight Years of Evolving R&D,Proceedings of the Ninth International Symposium on Aviation Psychology,April 27 – May 1 ,1997 ,pp. 121 – 130.

185. Shepherd,W. T. ,A Program to Study Human Factors in Aircraft Maintenance and Inspection,Proceedings of the Human Factors Society 34th Annual Meeting,1990,pp. 1168 – 1170.

186. Shepherd,W. T. ,Human Factors in Aircraft Maintenance and Inspection, Proceedings of the International Conference on Aging Aircraft,1991,pp. 301 – 304.

187. Shepherd,W. T. ,Human Factors Challenges in Aircraft Maintenance,Proceedings of the Human Factors Society 36th Annual Meeting,1992,pp. 82 – 86.

188. Shepherd,W. T. ,Human Factors in Aviation Maintenance:Program Overview,Proceedings of the 7th Federal Aviation Administration Meeting on Human Factors Issues in Aircraft Maintenance and Inspection:Science,Technology,and Management:Program Review,1992,pp. 7 – 14.

189. Shepherd,W. T. ,Johnson,W. B. ,Human Factors in Aviation Maintenance and Inspection:Research Responding to Safety Demands of Industry,Proceedings of the Human Factors and Ergonomics Society 39th Annual Meeting,Vol. 1 ,1995,pp. 61 – 65.

190. Shepherd, W. T. , Kraus, D. C. , Human Factors Training in the Aircraft Maintenance Environment,Proceedings of the Human Factors and Ergonomics Society Meeting,1997,pp. 1152 – 1153.

191. Sola,R. ,Nunez,J. ,Torralba,B. ,An Overview of Human Factor Activities in CIEMAT,Proceedings of the IEEE Sixth Annual Human Factors Meeting,1997, pp. 13/1 – 13/4.

192. Spray,W. ,Teplitz,C. J. ,Herner,A. E. ,Genet,R. M. ,A Model of Maintenance Decision Errors, Proceedings of the Annual Reliability and Maintainability Symposium,1982,pp. 373 – 377.

193. Sridharan,V. ,Mohanavadivu,P. ,Reliability and Availability Analysis for Two Non – identical Unit Parallel Systems with Common Cause Failures and Human Errors,Microelectronics and Reliability,Vol. 37,No. 5,1997,pp. 747 – 752.

194. Strauch,B. ,Sandler,C. E. ,Human Factors Considerations in Aviation Maintenance,Proceedings of the Human Factors Society 28th Annual Meeting,Vol. 2, 1984,pp. 913 – 915.

195. Su,K. W. ,Hwang,S. L. ,Liu,T. H. ,Knowledge Architecture and Framework Design for Preventing Human Error in Maintenance Tasks,Expert Systems and Applications,Vol. 19,No. 3,2000,pp. 219 – 228.

196. Sung,C. ,Development of Optimal Production,Inspection,and Maintenance Strategies with Positive Inspection Time and Preventive Maintenance Error,Journal of Statistics and Management Systems,Vol. 8,No. 3,2005,pp. 545 – 558.

197. Sur, B. N. ,Sarkar,T. ,Numerical Method of Reliability Evaluation of a Stand – by Redundant System,Microelectronics and Reliability,Vol. 36,No. 5,1996, pp. 693 – 696.

198. Taylor,J. C. ,Organizational Context for Aircraft Maintenance and Inspection,Proceedings of the Human Factors Society 34th Annual Meeting,1990,pp. 1176 – 1180.

199. Taylor,J. C. ,Reliability and Validity of the Maintenance Resources Management/ Technical Operations Questionnaire,International Journal of Industrial Ergonomics,Vol. 26,2000,pp. 217 – 230.

200. Taylor, J. C. ,The Evolution and Effectiveness of Maintenance Resource Management(MRM),International Journal of Industrial Ergonomics,Vol. 26,No. 2, 2000,pp. 201 – 215.

201. Toriizuka,T. ,Application of Performance Shaping Factor(PSF)for Work Improvement in Industrial Plant Maintenance Tasks,International Journal of Industrial Ergonomics,Vol. 28,No. 3 – 4,2001,pp. 225 – 236.

202. Trotter,B. ,Maintenance and Inspection Issues in Aircraft Accidents/Incidents,Proceedings of the Human Factors Issues in Aircraft Maintenance and Inspec-

tion,1989,pp. A6 – A8.

203. Underwood,R. I. ,Occupational Health and Safety:Engineering the Work Environment – Safety Systems of Maintenance,Proceedings of the International Mechanical Engineering Congress on Occupational Health and Safety,1991,pp. 5 – 9.

204. Varma,V. ,Maintenance Training Reduces Human Errors,Power Engineering,Vol. 100,No. 8,1996,pp. 44,46 – 47.

205. Vaurio,J. K. ,Optimization of Test and Maintenance Intervals Based on Risk and Cost,Reliability Engineering and System Safety,Vol. 49,No. 1,1995,pp. 23 – 36.

206. Vaurio,J. K. ,Modelling and Quantification of Dependent Repeatable Human Errors in System Analysis and Risk Assessment,Reliability Engineering and System Safety,Vol. 71,No. 2,2001,pp. 179 – 188.

207. Veioth,E. S. ,Kanki,B. G. ,Identifying Human Factors Issues in Aircraft Maintenance Operations,Proceedings of the Human Factors and Ergonomics Society Meeting,1995,pp. 950 – 951.

208. Vlenner,C. A. ,Drury,C. G. ,Analyzing Human Error in Aircraft Ground Damage Incidents,International Journal of Industrial Ergonomics,Vol. 26,No. 2,2000,pp. 177 – 199.

209. Walter,D. ,Competency – Based On – the – Job Training for Aviation Maintenance and Inspection:A Human Factors Approach,International Journal of Industrial Ergonomics,Vol. 26,No. 2,2000,pp. 249 – 259.

210. Wanders, H. J. D. , Improving Production Control Through Action Research:A Case Study, Maintenance Management International, Vol. 6, No. 1, 1985, pp. 23 – 31.

211. Wang,C. H. ,Sheu,S. H. ,Determining the Optimal Production – Maintenance Policy with Inspection Errors: Using a Markov Chain,Computers and Operations Research,Vol. 30,No. 1,2003,pp. 1 – 17.

212. Ward,M. ,McDonald,N. ,An European Approach to the Integrated Management of Human Factors in Aircraft Maintenance Introducing the IMMS,Proceedings of the Conference on Engineering Psychology and Cognitive Ergonomics,2007,pp. 852 – 859.

213. Wenner,C. L. ,Drury,C. G. ,A Unified Incident Reporting System for Maintenance Facilities,In Human Factors in Aviation Maintenance – Phase VI:Progress

Report, Vol. Ⅱ, Office of Aviation Medicine, Federal Aviation Administration, Washington, D. C. ,1996, pp. 191 – 242.

214. Wenner, C. L. , Wenner, F. , Drury, C. G. , Spencer, F. , Beyond "Hits" and "Misses": Evaluating Inspection Performance of Regional Airline Inspectors, Proceedings of the 41st Annual Human Factors and Ergonomics Society Meeting, 1997, pp. 579 – 583.

215. Wen – Ying, W. , Der – Juinn, H. , Yan – Chun, C. , Optimal Production and Inspection Strategy While Considering Preventive Maintenance Errors and Minimal Repair, Journal of Information and Optimization Sciences, Vol. 27, No. 3, 2006, pp. 679 – 694.

216. Williams, J. C. , Willey, J. , Quantification of Human Error in Maintenance for Process Plant Probabilistic Risk Assessment, Proceedings of the Institution of Chemical Engineers Symposium, 1985, pp. 353 – 365.

217. Winterton, J. , Human Factors in Maintenance Work in the British Coal Industry, Proceedings of the 11th Advances in Reliability Technology Symposium, 1990, pp. 312 – 322.

内容简介

　　本书对工程维修中人的可靠性、人为失误以及人为因素进行了系统性梳理与详细阐述。首先详细介绍了基本概念、发展历史以及基本的数学工具。然后在此基础上对更高层级的分析方法(失效模式和效应分析、人机系统分析、根本原因分析、失误—原因消除程序、原因—效果图、概率树方法、故障树分析及马尔可夫方法)一一进行阐述。这部分内容的特点是比较全面、概念丰富、来源诸多。对数学公式与理论方法的阐述既有推导又有维修案例,易于学习理解。

　　本书再进一步从设计原则、程序步骤、改进原则、实施方法等各个方面对发电厂、航空等容易发生人为失误的行业做了详尽的分析。这部分内容的特点是针对性强,既有实践经验,又有前述理论应用,与前述知识相互呼应。最后还介绍了七种人为失误分析的数学模型,通过抽象化、模块化可应用于各种行业。此外,本书还提供了与人的可靠性、人的失误以及人为因素相关内容的各种出版物目录,为读者提供索引与查询参考。

　　本书既可以为维修相关专业的教学、研究人员作为教参类书籍使用,也可以为维修领域相关的管理人员与实施人员作为工具类书籍使用。